好成绩源自好方法，
好方法源自好教育，
好教育源自好陪伴。

——敏德

# 陪孩子学好数学

傲德 著

浙江教育出版社·杭州

图书在版编目（C I P）数据

陪孩子学好数学 / 傲德著. -- 杭州 : 浙江教育出版社，2023.9
ISBN 978-7-5722-6367-5

Ⅰ. ①陪… Ⅱ. ①傲… Ⅲ. ①数学－儿童读物 Ⅳ. ①01-49

中国国家版本馆CIP数据核字(2023)第149220号

---

**责任编辑** 赵露丹　　**美术编辑** 韩　波
**责任校对** 马立改　　**责任印务** 时小娟
**产品经理** 张金蓉

**陪孩子学好数学**
PEI HAIZI XUE HAO SHUXUE

著　　者 傲　德

出版发行 浙江教育出版社
（杭州市天目山路40号　电话：0571-85170300-80928）
印　　刷 三河市嘉科万达彩色印刷有限公司
开　　本 700mm × 980mm　1/16
成品尺寸 166mm × 235mm
印　　张 21.5
字　　数 300000
版　　次 2023年9月第1版
印　　次 2023年9月第1次印刷
标准书号 ISBN 978-7-5722-6367-5
定　　价 62.00元

如发现印装质量问题，影响阅读，请与出版社联系调换。

# 序

## 在这个时代，
## 我们应当培养怎样的孩子

### 家长是孩子学习的辅助者，不是主导者

随着现代教育的发展和普及，辅导孩子学习已经成为家长们必不可少的一项“家务劳动”。有的家长为了辅导孩子学习，耗时耗力，费尽心血，结果孩子的学习成绩不进反退，严重一些的甚至导致亲子关系破裂。然而有的家长对孩子的学习并没有过多参与，成绩反而突飞猛进。以上情况的发生，都是因为家长只是孩子学习的辅助者，而不是主导者。

对家长而言，用正确的方式辅导孩子学习，远比朝着错误的方向盲目努力要简单、有效得多。

因此，我一直倡导的是，作为家长，不要去做孩子学习的主导者，而要培养孩子独立自主的学习力。

你可能会有疑惑：“这本书的名字不是‘陪’孩子学好数学吗？怎么一

上来说的却是让孩子‘独立’学习呢？”这里的“陪”其实并不是简单的陪伴，而是基于科学的养育引导和教学手段，“陪”着孩子共同成长，从而让他们具备独立学习能力的过程。

我曾经遇到过很多优秀的人，发现他们身上有一个共同点：他们并不依赖具体某位老师的教导和敦促，就能完成自我迭代，不断更新认知系统，产生更多的灵感创意，推进事业和生活向前发展。他们不是不需要老师，而是不需要一位具象的个人来做老师，因为他们具备了自我学习的能力。

他们每时每刻都在学习，身边见到的、听到的、接触到的所有人和事，都可以成为他们学习的素材和激发思考的灵感。就像《论语》中说的：“见贤思齐焉，见不贤而内自省也。”无论看到的是“贤”还是“不贤”，都可以激发自己思考，变成让自己成长的“燃料”。

但这样人人渴望的能力是如何获得的呢？难道是与生俱来的吗？也许这和天赋有一些关系，但我认为最核心的，还是来自父母和老师对孩子思维的引导。在引导的过程中，最重要的不是知识的灌输，而是通过有效的训练，让孩子具备终身学习的能力——即便没有人手把手地指导，他也能不断从生活经历中汲取能量，让自己越来越优秀。

希望通过这本书，你能了解如何实现这一过程，从而让孩子具备独立学习、无师自通的能力。

## 不要再像以前那样教育孩子了

很多家长在孩子的教育问题上经常陷入困惑：

孩子坐在那里，扭扭屁股、动动身子，家长会觉得：“是不是我家孩子有多动症？”

孩子做了100道口算题，错了几道，家长会觉得：“是不是我家孩子太粗心了？”

孩子的考试成绩忽高忽低，家长会觉得：“是不是我家孩子思维能力太差了？”

这些关于孩子成长的困惑，其实都缘自我们看待问题的角度，这就是所谓的“爱之深，责之切”吧。那么，父母如何才能从怀疑、迷茫、困惑的泥沼中脱身呢？我认为唯一的答案，就是从事物的本质出发，从更高的角度来观察。诗云：“不识庐山真面目，只缘身在此山中。”在庐山中，我们难免看不清庐山全貌，但如果站在更高的地方俯瞰庐山，相信它的“真面目”就会尽收我们眼底了。

在了解如何具体帮助和教导孩子之前，我们首先要审视当下：这究竟是一个什么样的时代？这个时代又对我们提出了哪些要求？

前段时间，有一个上小学五年级的孩子厌学了。他的父母专程带着他来找我，希望我能给孩子带来一些学习的动力和兴趣。在聊天的过程中，这个孩子特别形象地说，自己的数学老师的教学方法是“老三套”：大量记忆、反复刷题、惩罚恐吓。孩子的这番话让我哭笑不得，“笑”是因为他的表述方法很幽默，但我深知，这样的教学方法确实无法满足当下孩子们的学习需求。也正是意识到了这一点，这个五年级孩子说的话更加让我有想“哭”的感觉。

大量记忆、反复刷题、惩罚恐吓，这样的教育“组合拳”由来已久。

看到这里，很多家长也许会有似曾相识的感觉，但是这个模式已经远远跟不上日新月异的时代节奏了。

“大量记忆”就是背公式、背原理，一切知识全靠背。这种方式确实能让孩子在短时间内快速记住知识点，但在未来很长一段时间内，孩子都不明白其中的原理是什么。孩子记住了某一道题，但换一道同类型的题就不会做了。这一过程不仅没能提高孩子的解题能力，还有一个副作用，那就是让孩子有了挫败感：明明我刚才好像听懂了、学会了，可为什么我还是做不对？这样的挫败感出现几次之后，孩子就会变得怀疑自己，开始逃避问题。学习是产生较持久影响的人类行为，而死记硬背只能带来短期的清醒和持久的困惑。

那么，如何才能让孩子产生具有持久积极影响的学习行为呢？我认为答案只有一个，那就是思考。思考的本质，以及如何引导孩子思考，本书后面会有详细解说。

“反复刷题”就是我们熟悉的题海战术。很多家长认为“孩子学习不好，就是因为刷的题不够多”。在这种观念的推波助澜下，教育行业的内卷问题越来越严重。“双减”政策出台之前，学生的作业量一年比一年多，学习压力与日俱增，家长跟着心力交瘁。但多年的一线教学经验告诉我，“题海战术”的本质就是用大量的体力劳动代替脑力劳动。这看似勤奋，实则更加懒惰。因为科学的学习方法，概括说来是“三思而后行”：做题之前，先要理解知识点的核心，梳理相关的方法，以及对同类问题进行归纳和总结。在老师引导孩子完成这些工作后，再进行精准的、有针对性的适量练习即可，而这个过程是无法通过堆砌大量的习题完成的。在没有方法、没有归纳的前提下，大量做题，就好比骑自行车的时候，没有扶正车把而脚上狂蹬一气，等待你的只有“费力不讨好”，甚至还会狠狠地摔一跤。

如果给孩子的学习能力打分，刷题就是在这个分数的后面写“0”，而孩子的理解能力才是这串“0”前面的“1”“2”“3”……没有理解的刷题，就好比没有“1”开头的一个数，数字再多也只能等于0。最终，会越刷题成绩越下滑，成绩越下滑越刷题，陷入恶性循环，直至放弃。

当“大量记忆”和“反复刷题”不奏效的时候，家长和老师往往就不自觉地采取“惩罚恐吓”的方式了：

“你再不好好学习，今天就别吃饭了！”

“你再不好好学习，手机就不买了！”

“你再不好好学习，未来的人生就完蛋了！”

“现在不吃学习的苦，将来就吃生活的苦！”

……

甚至有些教育机构还会说一些话来恐吓家长：“你来，我培养你的孩子；你不来，我培养你孩子的竞争对手。”

除此之外，惩罚就更不必多说了，罚站、罚抄、罚背、罚写、罚读……填满了很多人的学生时代。

举一个我身边的例子。我表弟上小学四年级的时候，记作业一时疏忽，少记了一项。第二天老师问他，他不敢说没有完成，而是撒谎说作业落在家了。这种拙劣的谎言，一下子就被老师识破了。于是，老师对他说：“你不是爱编理由吗？好，你回家给我写100种不带作业的理由。”结果，他回家硬着头皮写了一晚上，本来补作业只需要半小时就能完成，但是他花了3个多小时编了100种“不带作业的理由”。

我现在回想这件事还是很愤怒：老师的这种惩罚行为，能够提升孩子的学习能力吗？能够提升孩子的思维水平吗？能够促进孩子更加热爱学习吗？这样毫无意义的惩罚，只会让孩子更加畏惧老师和学校。就算他以后再也不会少写作业了，也不是因为热爱学习本身，而是因为对权威的恐惧。但是这种恐惧，并不会成为他人生中积极成长的力量。而且，这次惩罚反而是在逼着他练习撒谎。本来孩子已经说了一次谎，犯了一次错，现在每多编出一个理由，就多撒一次谎，多犯一次错。

我们很多人都对教育存在一种误解——老师和家长经常在思考如何吓住孩子，让他害怕，然后按照大人的想法去做事。但是现在，这种方法显然已经不好使了，因为越来越多的孩子已经形成了“免疫”。他们知道，就算违背了大人的意愿，也不会出现大人经常用来吓唬他们的结果。比如，有的家长总对孩子说“你不好好学习，以后就得捡破烂”这样的话，孩子听到以后，往往都会嗤之以鼻——怎么可能？所以，家长朋友们，概括来说就一句话：现在的孩子，已经吓唬不住了！那怎么办？我们真心实意地和他们相处，平等、友善地陪他们一起成长，耐心、用心地帮助他们解决问题，才是亲子相处的唯一答案。

孩子们现在的这些特质，都带着这个时代的印记，我们来看以下几组数据。

一、工业发展迅速，制造业产值占世界30%，位居首位。机器已经逐步代替手工劳动，技术型人才供不应求，贫富差距加大。由此加剧了家长对教育的重视程度，认识到“脑力”制造财富的高效性。

二、城市发展迅速，城镇化率超过50%，并且还在逐步上升。城市“新居民”渴望孩子得到更优质的教育，希望“二代城市移民”通过教育弥补上一代的心理缺失，少走一些自己曾经走过的“弯路”。

三、“双职工”家庭的数量和比例逐年增加，双亲陪伴时间紧缺，学校教育在儿童教育中的占比逐渐增大。

四、社会普遍的民主观念发生变化，人们相互尊重与地位平等的观念得以加强，这样的社会氛围也逐渐渗透到儿童的意识当中，因此与“以成年人为中心，儿童应该受到成年人控制”的传统教育观产生矛盾。

五、基础教育基本实现普及，文盲率降至 10% 或更低。

看完这五组数据，你肯定会认为这些数据说的就是当下的中国。但除了我们，1900 年前后的美国也处于这样的阶段，数据惊人地相似。我们现在体会到的“孩子难管”“不知道怎么教育”等难题，100 多年前西方国家的家长们已早有感受。

那么，当时的西方教育给出了什么样的答案呢?

在 20 世纪初期，诞生了两位非常著名的教育学家：一位是美国的教育学家，叫约翰・杜威；另一位是意大利的教育学家，叫蒙台梭利。他们不约而同地提出了“教育应该以儿童为中心”的观点。

讲到这里，一定会有很多人提出疑问：在我们小的时候，亲眼看到过很多同龄人在父母和老师的严格要求下，通过记忆、刷题的方式勤奋学习，最终“一考定终身”，考上了“985”“211”等院校，走出了祖祖辈辈赖以生存的农村或小镇。

但是，那个时代的教育目标是普及基础教育，要解决的是教育的“温饱问题”。再加之社会经济发展整体水平比较低下，资讯闭塞，上文中提到的控制型的教育方式可以高效地让学生掌握知识，因此在某些场景下是奏效的。但是，我们当下面临的是教育发展的“小康”阶段，教育的目标除了让孩子学会知识、学会做题之外，还需要增加一个前提条件，就是“幸福”，让孩子在学习时感受到幸福。

一部分家长或许会质疑："你这不就是鼓吹所谓的'快乐学习'吗？人家都说了，快乐学习就是在毁孩子，学习就是吃苦的事儿，怎么可能快乐！"这种观点错误地将"快乐学习"理解为是少学或者不学，但我认为的"快乐学习"，是指在不减少学习内容和不降低学习难度的前提下，在学习过程中让孩子感受到学习的乐趣和思考的成功。而至于"学习就是吃苦的事儿"这一观点，我是非常反对的。

当我们终于琢磨明白一个困惑已久的问题时，那种快感是很美好的。人类之所以能够站在自然界的顶端，正是因为我们天生具备思考的能力。所以学习并不是反人性的，而错误的教育方法和学习方法才是反人性的。这些错误的方法会将学习本身带来的幸福感严重破坏，甚至摧毁得支离破碎。

总之，我们已经进入了一个以尊重儿童天性为基础的崭新的教育阶段，这就要求我们必须学会激发孩子的主观能动性，让他们自己去探索，从而产生属于自我的学习热情和兴趣。

## 帮孩子找到对学习的热情

很多家长向我抱怨：孩子不愿意学习，偷懒又贪玩，就爱看电视、玩平板电脑、打游戏。如果我们还是按陈旧的控制型教育思维来看这种情况，肯定会认为这是孩子的问题，但我想说，事实并非如此！

让我们把时间倒推几十年，将70后的儿童和现在10后的儿童的娱乐方式做个比较。70后的娱乐方式是看连环画、跳皮筋、打沙包，那个年代可能连电视机都少有。而现在10后孩子的娱乐方式是玩智能终端设备、

VR 互动游戏。在过去的几十年里，我们的娱乐方式已经发生了翻天覆地的变化。反观我们的教育方式，从 20 世纪 70 年代就以“老师台上讲，孩子下面听，听完做练习，出错就惩罚”为主，直到现在，我们的教育方式依旧少有改变，甚至在我们可预见的未来，现在 20 后的教育方式似乎仍然沿着这条老路走，难见改变的迹象。

现在，你是不是有一些不同的观点了呢?

娱乐和学习就像人的两条腿一样，一条腿越来越强壮，而另一条腿几十年都没有生长。最后的结果就是我们走路的时候，会越来越依赖那一条强壮有力的腿。所以大部分孩子厌学，并不是因为“游戏害死人”。更何况，电竞游戏在当下已经是一个越来越被主流价值观认可的正规职业，而且出现了很多专业电竞团队。中国在电竞游戏领域也走在了世界的前列，创造了大量的社会价值。因此，游戏不是原罪。同理，刷剧、追星、打球等，都不是学习出问题的原罪。设想一下，如果你的孩子再也不“贪玩”了，再也不“偷懒”了，每天从早晨八点一直学习到晚上十点，但是他的家长和老师们并不能以他乐于接受的方式进行教育引导。没有思维的启发，只会让他疯狂做题，他就一定能学好吗?答案是否定的。因为问题的根源是教育者的教育方式太过陈旧，甚至并没有尊重孩子的个性，这样的方式方法已经完全落后于当下的时代。

我经常在直播间举一个例子：假如你很喜欢某个男明星，但是有一天这位男明星消失了，你就一定会嫁给武大郎吗?你是否和武大郎结婚，并不取决于你喜欢的男明星好不好，而是完全由武大郎好不好决定的。如果你真的研究过一点历史的话，就会发现，真实的武大郎并不是小说里写的那样，而是个“高富帅”。讲到这里，你是不是觉得嫁给武大郎也许是一个不错的选择呢?同理，如果这个世界上所有的电子游戏都消失了，你的孩子就会爱上学习吗？真不一定，因为他爱不爱学习，只与学习本身有关。

即便这个世界上再也没有游戏了，落后的教育方式也无法将孩子吸引到学习中来，那些学习中的问题也会一直存在。如果我们的教育从业者能够像游戏开发者一样，借鉴他们的游戏开发思维来改进、优化教育行为，相信孩子学习的积极性会显著提升，孩子学习的效果也会立竿见影。

时代的变化推动着我们探索新的教育方式，那么如何才能让教育跟上时代的步伐呢？

首先，要让教育者的认知更新迭代。新时代的教育理念应该是“以人为本”，这个“人”指的不是老师和家长，而是孩子。当我们把教育评估对象更多地放在孩子身上的时候，教育的改革方向就清晰了。

举个例子，《让孩子受益一生的大脑开发课》一书中介绍了一个社会调研，调研的目的是想知道“哪个因素对孩子的学习效果影响最大”，备选答案有：智商、能力、自我评估、内驱力、坚韧度等。在我公布答案前，你可以猜想一下，以上哪个因素的影响最大？

可能有家长觉得是智商，也有家长觉得是内驱力，但是最终的研究结果表明，对孩子学习效果影响最大的是“自我评估”。“自我评估”，即孩子对自己的认知，他认为自己是一个什么样的人。如果孩子认为自己是一个擅长学习、擅长思考的人，那么他学习的效果就会比那些自我否定的孩子好。

所以，“以人为本”首先是要让孩子对自我有健康的、积极的、正面的认知，这是好的教育的基础。陈旧的教育方式无法培养孩子这些特质，死记硬背的学习方式只会让孩子觉得自己是一块被生硬塞入知识的“硬盘”，而家长的每一次恐吓和惩罚都是在孩子的自信心上戳刀，极大地降低了孩子的自我评估水平。久而久之，孩子有可能也会建立起看似优秀的能力体系，但这都是短期效果，长远来看有百害而无一利。

建立良好的、正面的自我认知，不是总让孩子听大人的话，而是我们要多听听孩子的话，了解孩子内心真正的需求是什么。

很多家长教育的口头禅是："你怎么这么不听话？""怎么说了你就是不听呢？"家长总是习惯以成年人的角度来武断地判定孩子在狡辩、说谎、顶嘴、胡搅蛮缠，其实根本没有重视孩子的想法，剥夺了他们自我表达的权利。

成年人这种以自我为中心的教育思维显然是错误的，是不科学的。在这个时代，我们不需要教育出听话的孩子，那些"不听话"的孩子往往都有自己独立的想法。未来是一个竞争创新力和创造力的时代，而创新就源自独立思考。这是孩子潜在的优势，就看家长如何去正确引导了。

再举个例子，震惊全国的"北大 ××× 弑母案"。××× 身边所有的亲戚、朋友和同学对他的描述都是听话、懂事、高智商等，但是从案件披露的信息来看，在他一路的成长中，少有人真正听到过他的心声。如果有人听到过，并对他施以正面影响，这种人间惨剧可能就不会发生了。我不是为他辩解，只是希望这样一个令人心痛的事件能够让教育者反思。

这是一个极端的例子，再来看看更加普遍的情况。现在教育界流行一个词叫"空心病"，就是指青少年"有脑无心"的状态。比如，很多大学毕业生对自己的前途一片迷茫，不知道自己应该选择什么职业、擅长什么工作。当迷茫积累到一定的程度，觉得"走投无路"时，这些大学生索性决定"再考个研吧"。如果一个大学生是出于对学术科研的热爱，决定继续读研深造，那我非常赞同，并且也会发自内心地为他庆祝，庆祝他找到了自己所爱。但如果读研是出于对未来的迷茫，甚至是对残酷社会竞争的逃避，那我会觉得非常可惜。这就是陈旧的教育观念培养出来的"高智力人才"，他们考学的能力非常强，但是面临自己人生选择的时候，却缺少主见和勇气，踌躇不前。

他们既不知道自己想要什么，也不愿意为自己的选择承担责任。这不禁让我想到一句话："弱者追求安全感，而强者始终拥抱不确定。"这种不愿意为自己独立选择承担责任的退缩，就是在追寻所谓"安全感"的一种表现。但往往越是通过委曲求全得来的安全感，越无法带给人真正的安全。

造成这种悲剧的一个重要原因，就是在孩子成长的过程中，成年人没有给他充分表达的空间和机会。久而久之，他就被"塑造"成一个没有自我想法的学习机器。但是学习是为了生活，生活却并不全是为了学习，学习只是生活的一部分。如果让孩子为了所谓的"学习"而丢掉了对生活的热爱，那我们就做了一笔非常不划算的交易。很多教育者对孩子做的事情，却是以牺牲孩子对生活的热爱为代价，换取孩子一时"听话"地做题，这是一种多么没有远见的愚蠢做法。

总而言之，做孩子喜欢的教育，是时代赋予我们的使命。我试着用四行文字概括符合当下时代的学科教育之道：

专注靠的是吸引，

方法靠的是探索，

掌握靠的是理解，

坚持靠的是热爱。

接下来，我会以数学学科为例，用整本书向您展示如何将这四句话落到实处，渗透到陪伴孩子成长的每一天。

# 目 录

## 1 建立“三感”：让孩子拥有自主学习的动力 _001

# 1

# 建立“三感”：让孩子拥有自主学习的动力

# 学习的本质是乐于思考

## 乐于思考，才能学好知识

从人的一生来看，我们从生活中学到的东西显然比从课堂上学到的更多，所以学习不应该仅限于课堂，而是应该深入生活的各个场景当中。同时，在学习的过程中要养成勤于思考、乐于思考的习惯。孔子说“学而不思则罔”，一个知识点学完了，不去琢磨它，你能掌握的内容就只浮于表面，永远无法真正理解其中的含义。

为了让大家更能理解思考的重要性，我以小学二、三年级孩子学习“23×9”的计算方法为例，进行说明。

给孩子们上课时，当我问这道题怎么做的时候，有的孩子马上回答：“老师，列竖式！”

这个答案是正确的，但是当我继续追问，除了列竖式，还有没有别的方法来解决这个问题的时候，能回答上来的孩子就所剩无几了。那我们应该如何引导孩子思考呢？在通常情况下，家长容易直接提到“乘法分配律”，直接用数学定律进行讲解。这样的讲解方法，其实对于孩子来说是不好懂的，也是不友好的。因为上小学二、三年级的孩子对于计算定律的接受能力非常有限，所以我们应该以一种更探寻本质的方式进行教学。

我上课时是这样对孩子推导的：

我们可以把这道题理解为 9 个 23 相加，那么 9 个 23 相加，怎么算能简单一些呢？（留给孩子思考和回答的时间，再进一步启发。）

我们可以把这道题看成 1 个鸡腿 23 元，9 个鸡腿多少钱。但是直接算还是很麻烦，能不能把它和 10 个鸡腿建立关系呢？

对！ 9 个鸡腿可以看成“10 个鸡腿，吃了 1 个”！也就是说，比“10 个 23”少了“1 个 23”。

想到这一步就好算了，“10 个 23”就是 230，比它少 1 个 23，那就是“230-23”，等于 207。（然后进行总结。）所以再遇到 9 个鸡腿或者 8 个鸡腿的情况，我们都可以看成是从 10 个鸡腿里吃掉了 1 个或者 2 个得到。

限于篇幅，后面的练习过程在此省略。刚才的解题思路在成年人看来，也许很好理解，但是当我在给孩子们讲课的时候，发现有些孩子理解起来异常吃力。很多孩子看到“23×9”，第一反应就是打草稿列竖式，只有很少的孩子会想到，它的本质是 9 个 23 相加，能进一步转化为“230-23”的孩子就更少了。

孩子的这种表现，让我产生了困惑：上小学二年级学习乘法的时候，孩子先学的是“乘法源自加法”，九九乘法表是之后的内容，但是为什么到了这道题，他们却只记住了乘法口诀和列竖式，而忘了前面学习过的乘法的本质呢？

因为孩子学会乘法以后，我们总是习惯于让他们大量记忆口诀、练习计算，却忘了强调计算背后的思维和逻辑。所以，当孩子再遇到类似题目的时候，就形成了机械性的条件反射，看到算式只会“硬算”，没有用思维简化计算的意识，而这种思维就是我们常说的“算理”——计算背后的原理。所以，在孩子学计算的时候，不仅要让他们知道列竖式的方法和规则（也就是“算法”），更要让他们知道背后的“算理”，也就是通常所说的“知其然，更要知其所以然”。

如果孩子在做计算时，只是大量重复机械式的计算训练，他们就会丢掉对知识点本质规律的探寻精神和好奇心。这种精神层面追求的缺失，就是导致孩子不爱思考的罪魁祸首。这样教育出来的孩子，在学习时关注的往往只是结果——有个答案就行，其他的无所谓、不重要。而乐于思考的孩子，不仅追求结果，还想着如何能让解题过程变得更简单，并且乐于找出其他方法，或者换个角度去理解题目的原理和逻辑。

当我在个人社交平台上发布这类巧算的短视频时，有很多家长在留言区抨击我，说我把简单问题复杂化了，直接列竖式不就好了吗？但是我想说，如果计算的意义只是为了得出一个正确答案的话，那每个孩子拿一个计算器就好了，不必那么辛苦让他们明白其中的原理。

我们教学的目的，是让孩子具备把复杂的问题简单化的思维。它的习得过程看起来也许有些繁复，不如“直接套公式”来得迅捷，但它能让孩子看到问题背后的本质。

所以，学数学就是脑力和体力的动态平衡状态：如果孩子懒得思考，那就得在体力上多付出——多抄、多背、多写；如果孩子脑力发达，乐于思考，那体力的付出就相对较少。同样是一个问题，有的人很快就能解决，有的人却要想半天还是解决不了，深层的原因就在于他们平时是以一种乐于思考还是敷衍了事的态度在学习。

有家长曾经问过我类似的问题："孩子有时会问我，为什么我们做题和考试不能用计算器，但是大人工作时就可以用呢？"相信很多家长也被问过类似的问题，有一部分家长真的会认真地向孩子分析使用计算器的好坏，也有家长会用诸如"为了提升你的计算能力"这样的理由搪塞。但这个问题的本质，其实根本不是计算器能不能用。当孩子问出这样的问题时，说明他已经对大量重复且枯燥的计算产生厌烦了，而且感受到了一种来自成年人世界的不公平："凭啥你们可以用，我们就不能用！"

另外，孩子的这种问题也反映出教育者认知的局限。当我们的认知水平只停留在"计算就是为了算出一个答案"的时候，我们教育出来的孩子很可能也会这样想。但事实上，学习计算的目的，除了算出一个答案外，更重要的是借助计算的形式，训练孩子探究、对比不同策略的能力。所以比起算出得数，更重要的是计算过程中的思考。

也有人问过我，数学是理科，需要很强的逻辑思维能力，所以思考确实很重要，但是文科类学科确实要依赖记忆，是不是就只能死记硬背了，思考还那么重要吗？比如历史课，在很多人的印象中，只有靠大量记忆，才能在考试的时候给出正确答案。

其实不然。举个例子，《南京条约》是我上初中时历史考试最为重要的知识点之一。很多学生认为把《南京条约》所有的条款全部背下来，考试的时候这个知识点就不会失分了。

但是，如果考试题目是"《南京条约》对中国近代史发展的影响是什么"，你只把生硬记住的条款写上去，就能不被扣分吗？这道题目考察的是我们对历史的解读和分析能力，只写条款肯定拿不到高分。

如果一个人平时不爱思考，那么遇到这种题就只能束手无策，只有平常学习时乐于思考的人才能解答出高水准、高难度的问题，这就是差距。

所以，学习的本质是乐于思考，这个观点是不分学科的。乐于思考，才能真正学好知识，否则只会变成一个死记硬背的工具，就成了行走的“硬盘”。

## 允许犯错：思考的过程就是敢于试错

明白学习的本质是乐于思考之后，你肯定会想：怎样才能让孩子养成乐于思考的习惯呢？先别着急，在此之前，你得先了解思考的过程是什么样的。

我认为思考的过程是主观认知和客观世界的不断碰撞：如果客观世界如你所愿，那么留下的是经验方法；如果客观世界与你所想背道而驰，那么留下的是失败教训。比如“我觉得天空是粉色的”，这是主观认知，但当我打开窗户发现“哎呀，原来天空是蓝色的”，这就是客观世界。因此，“天空是粉色的”这个认知就是失败教训，让我们下次不会再犯这类错误，这就是思考的过程。

如果是一个已经具备思考习惯的人，到这里还不会停下来，他会继续反思刚才的过程，提出“为什么我会认为天空是粉色的呢？”“我这样的认知是如何形成的呢？”“我以后如何避免再次形成这样的认知呢？”这样的问题，并逐渐寻找答案。这其实就是心理学“元认知”的概念，也就是对自己的认知不断进行整理、纠错、强化。

简单来说，思考就是验证自己的主观认知是否正确，并将结论留存的过程。

既然在思考前我们并没有办法确定自己的认知百分之百正确，而且错误的情况往往更多，那在学习的过程中，我们就应该将孩子做对和做错的经历同等对待，因为这两者都在思考的范畴内。然而，事实却是很多成年人只能接受孩子“做对”的情况，无法面对孩子的“做错”。每当孩子出现错误，家长就控制不住地进行教训和批评。这个时候，比起让孩子在接受批评后改正，更重要的是成年人的自控。家长和老师要给孩子试错的空间，要鼓励他们勇敢试错。

通过上面的分析，我们知道在学习和成长的过程中，错误和正确是同样有价值的。孩子每经历一次犯错，就是一次思考的过程。如果这个过程得到的只有否定，孩子就会误以为自己思考的过程被完全否定了。长此以往，孩子就会放弃思考。

很多孩子出现错误是因为能力不足，面对这样的情况，大多数成年人却责备孩子“态度不端正”“学习不积极”“偷懒还贪玩”，而这样的责备都针对的是一个人的品行，所以类似的声音对于提升孩子的能力没有任何帮助，反而还打击了孩子的积极性。用俗话说，就是“聋子治成了瞎子”。所以，我们下次再面对孩子的错误时，即便没有立刻帮助他提升能力的方法，也不要贸然进行针对品行的指责了。

恩格斯说：“伟大的阶级，正如伟大的民族一样，无论从哪个方面学习，都不如从自己所犯错误中学来得快。”所以，不要过分担心孩子学习过程中会犯错，我们应该把重点放在犯错后，依然保护孩子的探索能力，保护他积极向上的状态。因为结果的对错对于思考本身来说没那么重要，重要的是孩子能否保持不断探索的状态和纠错的能力。当然，这样的观点可能会给您带来一些困惑：“可是中考、高考是要看分数的啊，尊重孩子犯错，但是大考犯错就去不到好学校啊！”别着急，在学习过程中尊重犯错，和在考场发挥时提高正确率其实是两个独立的话题，我们会在后面详细讲解。其实在平时越尊重犯错，就越能培养孩子自我纠错的能力，从而帮助孩子在大考中及时觉察出自己的错误，进行改正。

## 乐于思考的人才会终身学习

终身学习正在成为越来越重要的共识。

工业革命之前，科技进步、经济发展以及整个社会的发展节奏都很慢，但是现在我们正处在一个日新月异的时代，所有事物的变化速度都在越来越快，终身学习就是我们抵御这种快节奏变化、确保自己不被淘汰的武器，而乐于思考的人才真正掌握了终身学习的密码。

“乐于思考”有两层含义。“乐于”代表的是思考的状态——不管遇到什么事都喜欢琢磨。如果孩子每天面对的都是父母的催促、责备、贬低、攀比，以及老师的批评和责罚，那么他对学习和求知的情感肯定很消极。试想一下，一个人每次看到即将要学习的内容时，都会想象要面对这些痛苦和挫败，他怎么可能积极面对平时的学业呢？就好像一个成年人，如果每天上班遭遇的都是同事的挤对、领导的批评、下属的对抗，我觉得他每天进入公司的心情也一定像重度污染的天空吧。

“乐于”是思考的状态，那么“思考”指的就是具体的方法和步骤。孩子不会做题的本质，往往是他不会思考。比如：

一桶油，连桶重 7 千克，倒出一半油后，连桶重 4 千克，那么油重是多少千克？桶重是多少千克？

这道题小学二到四年级都会遇到，但是很多孩子都不会做。有的家长向我抱怨，不管大人怎么教，孩子都学不会，老师和家长干着急。

这道题孩子不会做，首先是题目本身和生活实际存在差异。我们生活中出现的液体，往往都是不看包装重量的。不管是做菜用的油，还是平时喝的饮料，包装上标注的重量都是其液体的重量，没有人会在乎瓶子有多重。但这道题目就不一样了，“连桶重”这个关键词反复出现，给孩子带来了生活中从来没有的困惑。如果我们讲解之前明白了孩子这个核心的困惑点，就可以有的放矢地帮助孩子解决问题了。

既然是因为油和桶的重量混在一起，导致孩子没有切入点，那我们就先把两者分开。先把题目信息写成两行：

| 油 | 桶 | 7 千克 |
| --- | --- | --- |
| 一半油 | 桶 | 4 千克 |

写到这里，很多家长可能一下子就有了思路，但是不要急着给孩子答案，而要继续带着他思考。可以问孩子如下问题：

第一行到第二行，少了多少呀？（孩子回答：少了 3 千克。）

为什么从第一行到第二行，会少了 3 千克呢？谁变化了，谁没变化？

（孩子回答：少了一半油，桶没变化。）

非常好！少了一半的油，所以少了 3 千克，那一半的油多重呀？（孩子回答：3 千克。）

一半的油是 3 千克，那全部的油有多重呢？（孩子回答：3 乘 2 等于 6 千克。）

全部的油和桶在一起，一共 7 千克，油占了 6 千克，那么桶的重量是多少？（孩子回答：1 千克！）

上面这段讲解，有两个很重要的特点。

一、将段落格式的文字转化为了表格，引导孩子对比两行的异同，教会了孩子用列表进行对比的解题方法。

二、频繁引导孩子思考，没有任何一步是直接给出孩子答案的，而是高频率的互动，因为有心理学研究表明，互动是提升孩子专注度的一种有效手段。

相信这样讲解一定可以教会孩子思考的方式，让他下次再遇到这类题型，都能够想到用对比的方法寻找切入点，而不再盯着题目束手无策。概括来说，学习的本质，就是让孩子有情感、有方法地思考。

# 数学学习的维度一：数感——理解数与量的关系

我们现在已经明白了学习的本质是“乐于思考”，在这里，我们进一步来聊一聊数学学习的本质。

这里主要针对的是数学的启蒙和小学阶段（4 ~ 12 岁），其他的数学学习阶段在这里暂且不做讨论。如果你孩子的年龄已经超出了这个阶段，你也先不要着急跳过这部分，因为接下来的内容是非常好的反思材料，看看你的孩子在这个年龄段时，你是不是错过了其中一些关键的教育环节。如果错过的话，也许现在弥补还为时不晚。

关于数学学习的本质，可以从数感、空间、逻辑、应用这四个维度来分析。在本节，我们来分析“数感”这个维度。

孩子所有关于计算的问题，都源自数感。所谓“数感”，是指对于数字与数量最直观的感觉。它可以从两个方面来理解，一个是数与量的对应，一个是数量间的关系。

什么叫数与量的对应？

所有的“数字”都是自然界中不存在的，你从来没有见过河流里游过一条数字“2”，也从来没有见过树上长出了一个三位数“666”，所以数字是由人类发明创造的一类符号。数学的本质就是用这些人类发明的符号，高效地表达客观世界的运转规律，所以无论是数还是数学，都是抽象的。

而“量”是自然界中存在的，比如一堆坚果有几颗、一群牛有几头、一网鱼有几条等。

数与量的对应，就是要让孩子理解数字符号，并用数字符号来表示自然界中物体的量。

前段时间，网络上有一段视频很火：一个还没上小学的小姑娘，坐在桌子旁边抽泣着，她妈妈正在问她一个数数的问题，她已经好几次没有答上来了，便着急得直掉眼泪。但是她的妈妈依然坐在旁边，并没有放弃的意思，继续在桌子上摆弄两个圆形的果冻，两个果冻挨在一起放着，然后妈妈问小女孩有几个果冻。

小女孩哭着回答：“8 个。”

从妈妈和孩子焦躁的状态可以看出，这个过程已经持续一阵子了。妈妈又让孩子数一数，孩子数的时候也说了出来：“1，2。”但是当妈妈再次问她有几个果冻的时候，小女孩依然一边哭，一边说“8 个”。最后，妈妈彻底无奈，不吭声了。

为什么会出现这样的情况呢？问题的根源，就是小朋友“数”与“量”的认知错位了。孩子之所以说 8 个，是因为这两个果冻摆在一起，看起来造型像数字“8”。而数的含义，不是由它看着像什么决定的，是由它所代表的数量决定的。孩子之所以答不上来，本质是因为她没有将数字“8”和它所表示的数量关联起来。如果家长搞不明白这个原理，重复给孩子讲多少遍都没有用。

数与量的对应关系不仅仅出现在计算中，还有一类知识点叫“单位”，这也是考查孩子数与量对应关系的经典知识模块。比如下面这个题目：

小红家距离学校 1.5 千米，那么最适合小红上学的交通方式是（　　）。

A. 步行　　B. 坐出租车　　C. 骑自行车

很多孩子对单位换算的知识点背得特别熟，遇到这种题却经常不知道如何选。这并不是因为孩子“基础不扎实”或是“上课不认真听讲”，而是因为孩子在生活中缺乏真实的体验。据我观察，在学完长度单位后，大部分孩子对“1.5 千米”有多长，或者有多远，是完全没有概念的。如果在生活中，真正让孩子走完 1.5 千米的话，他一定会想到“走起来挺累的，但打车也不划算，一脚油门就到了，所以骑自行车最合适”。这里的数就是“1.5 千米”，量就是对应的具体的距离。所以孩子遇到这种题目没有想法，就是因为没有把数与量对应起来。

数与量的对应关系聊完了，接下来说说数量间的关系。

当你看到“117”这个数字，会想到什么？有的孩子可能会想到这是个单数，有的孩子可能会想到这个数比 100 大，也有的孩子可能误以为这是个质数，还有的孩子会想到它其实等于 13×9，但也有很多人什么都想不到。这些其实都是对数量间关系的描述，而所有的巧算技巧都源自数量间的关系。

再看一下上小学二年级的学生刚学多位数加法的时候，容易出现的错误。比如："27 加多少等于 100？"

很多孩子认为是 83，因为个位 7+3=10，十位 2+8=10。但正确的答案应该是 73，因为个位相加的结果产生了进位，73 和 27 就足够凑成 100 了，不需要 83 这么大的数。

以上说的，都是数量间的关系，概括来讲包括：比大小、估算、量级、加减与拆分、乘除与分解。孩子学习到的第一种数量间关系就是比大小，而比大小最简单的方式就是不同数值直接比大小，比如"1 和 30"。难度加大一些，是带着单位比大小，比如"1 米和 30 厘米"，这就需要孩子具备直观的数感，对 1 米和 30 厘米对应的长度有感知，而不是看到前面 1 小于 30，就误认为 1 米小于 30 厘米。

面对这样的比大小，有的家长可能会让孩子用换算来判断。比如把 1 米换算成 100 厘米，但这依然是死记硬背的方法，没有明白思考的本质。虽然"1 米 =100 厘米"这个知识点是必须掌握的，但是真正对长度有感知的孩子，做这道题根本不需要换算的步骤，先换算再比较，反而降低了得出答案的效率。所以在孩子学习的初级阶段，记忆主导的学习方法暂时可以用来处理尚不理解的题目，但是当知识点越来越多时，以记忆为主的孩子就会出现严重的混淆和混乱，到那个时候再想调整或者从头再来就难了。

比大小的感知掌握之后，就该学习估算的本领了。如果不具备良好的估算能力，就经常会出现"丢进位"的问题，比如这样的错误：

$$15+26=31$$

很多家长会说孩子犯这样的错误，是因为粗心，或者不检查。检查的底层能力是自我纠错，也就是能够不借助别人的帮助，发现自己的错误并改正。孩子出现上面这种错误，就是因为不具备自我纠错的能力。那么在计算模块，如何培养这种能力呢？主要的方法就是估算。在做题的时候，能够感知到十几加上二十几，如果这两个数都偏大，那么答案应该是四十几，而不是只有三十几。

训练这种能力的一个好方法，是对比训练。找一对答案是 31 和 41 的加法题，一道需要进位，另一道不需要进位，让孩子感受它们的异同。比如，11+20=31，15+26=41。当孩子每次出现丢进位的时候，都采用这种方法，就会让孩子逐渐提升估算方面的数感。这样，以后再做题的时候，在算出精准答案之前，孩子就可以得到一个大致的范围，从而避免丢进位的错误发生。

最后，我们要聊聊孩子在量级方面的数感。所谓“量级”，最通俗的解释，就是我们说的“几位数”。比如 253 是个三位数，0.17 是个两位小数。具体反映在计算类题目上，有一个经典案例，就是 25×4 这个算式。25 乘 4，等于 100。这个计算本身很简单，孩子一般都会答对。但换成小数，比如“2.5×0.04”，很多孩子就容易出错了。有的回答 1，有的回答 0.01，而正确答案是 0.1。那么，怎么避免孩子出现这样的错误呢？或者说，如何才能快速并正确地想出正确的位数呢？这又需要数感的帮助了。“2.5×0.04”，表示的是 0.04 的 2.5 倍，0.04 的 2 倍是 0.08，那么 2.5 倍就比 0.08 多一点，那就可以判断出，不可能有 1 那么大，又不可能像 0.01 那么小，所以答案就是 0.1 了。

数感很重要，这个结论不必过多强调，而如何培养孩子良好的数感，才是教育真正的难点。两个孩子在做题时的步骤和答案可能写出来是一模一样的，但是他脑子里对这个知识构建的理解却有着天壤之别。而理解知识的方式，以及分析问题的过程，才是主导谁能越学越好的根本原因。这就要求我们在孩子的日常计算中，不能只以得数正确与否为标准，更重要的是背后的思考过程。我在教学当中，也遇到过孩子得数不对，但是思考方式另辟蹊径，而且条理清晰的情况。在这样的情况下，我们应该摒弃对得数的崇拜，认可孩子的思考。

# 数学学习的维度二：空间——会看，会算，会推理

空间这个概念比较直观，它包括所有的图形（平面图形及立体图形）和方位等。用一句话概括，空间的基本形成规律就是：点动成线、线动成面，面动成体——这句话把孩子从小到大学习的所有空间知识都囊括在内了。

小学数学中的空间学习，阶段性是非常清晰的。首先学习的是上、下、左、右、前、后等基础方位。然后，学习认识和辨别立体图形和平面图形，比如正方体、长方体、正方形、长方形等。从三、四年级开始，进入图形的具体计算阶段，例如计算周长和面积。五、六年级，继续进阶学习更加复杂的图形计算，例如三角形、圆形的面积，立体图形的表面积和体积等。

无论是哪个知识模块的学习，孩子在小学学习空间图形的时候，一定要注意两大学习方式：观察和计算。

经常会有小学生的家长问我："老师，我们家孩子的空间想象力差，该怎么办？""老师，我孩子做图形的题半天都找不到思路，该怎么办？"每到这种时候，我就用陆游的一句古诗回答这些问题：“纸上得来终觉浅，绝知此事要躬行。”孩子空间思维能力的培养，根基并不是练习册上的习题，而是生活中对平面、立体图形的观察。

举两个特别经典的教学案例。一个是小学阶段“三视图”的题目，很多家长反馈说孩子无法把从左面看到的图形和从前面、上面看到的图形关联起来。这背后的原因就是孩子在生活中观察人或物的时候，缺少这方面动态观察的训练。解决的方法并不是做大量的习题，而是拿出正方体的小木块，动手搭建一个立体图形，然后从不同角度去观察。这样就会得到一个重要的结论：从左面看，右侧的图形对应原来前排的图形。看到这句话，你是不是也晕了？那应该怎么办呢？没错，找几个小方块自己动手搭一搭，然后再看一看！所以在给小学生讲立体图形的时候，我们做了很多学具，就是用“动手搭建—动态观察—探索规律—总结结论”的步骤让孩子掌握核心的计算公式和解题技巧。这样学习，既能帮助孩子掌握解题思路，又能让他们不再把公式混淆。

第二个案例，是关于图形和空间学习的几个主要阶段的。从几何知识体系来看，孩子第一步是要认识单独的图形，第二步是要学会多个图形的组合、拆分，第三步需要在复杂图形中识别、定位出某个图形。这种能力无论是解答小学的“数图形”题目，还是中学的“证全等”题目，都是需要用到的。很多初中学生，定理、公式都会背，但就是看不出图形间的关系。背后最深层的原因，就是小学刚接触图形的时候，孩子缺乏这方面的启蒙和训练。就像上文所说，这种训练最好的方式不是刷多少题，而是动手进行操作和观察。

我们拿初中数学中经典的“全等手拉手模型”来说明：

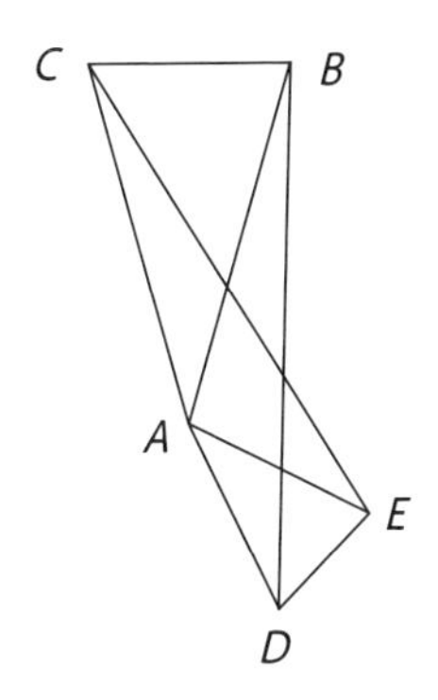


已知 △ $ABC$ 和 △ $ADE$ 是等腰三角形，$AB=AC$，$AD=AE$，且 ∠ $BAC$= ∠ $DAE$。你能看出图中哪两个三角形全等吗？

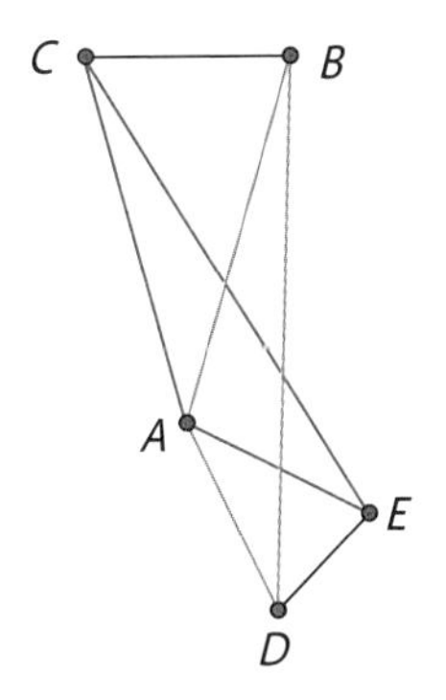


图中 △ $ACE$ ≌ △ $ABD$，这就是全等手拉手模型。对于很多孩子来说，这道题的难点是很难看出图中全等的两个三角形。

正好借着这个案例，我们也可以过渡到初中和高中图形板块的学习。

小学对于图形的学习，主要的两项能力要求，是观察和计算。上初中以后，在这两项能力的基础之上，又多了一个让大多数孩子“望而生畏”的考验，那就是“求证”。之所以让人“望而生畏”，是因为求证的逻辑体系完全颠覆了小学孩子根深蒂固的“眼见为实”的认知。

小学阶段，图形的评判标准就是“看”——“看着是长方形，那就是长方形”“看着是等腰三角形，那就是等腰三角形”。

但初中的几何题目，“眼见未必为实，万物必有理由”。一个图形究竟是什么，不能凭看去决定，而是要证明出来。具体如何操作，我们在后面中学数学学习的章节里再详细讨论。

综合上文，概括来说，从小学到中学，对空间图形的学习大致就是要经历“会看”“会算”“会推理”这几个阶段，而“会看”才是一切几何图形内容的根基。在我们国家小学数学新课标中，也把这样的观察能力定义为“几何直观”，位列十一大核心概念之中，可见其重要性。

# 数学学习的维度三：逻辑——学会解决具体的问题

在教学过程中，我发现有大量孩子数感和计算都不错，单位的理解和认识也很清晰，但是遇到一类题还是会经常“掉坑、卡壳”，这类题就是应用题。

因为应用题除了考查孩子“数”和“图”本身的知识点外，更加侧重的是逻辑思维能力。一讲到这里，有家长就会困惑：“逻辑思维”这个词几乎天天听，可究竟什么是逻辑思维呢？我用一个例子来讲讲我对这个词的理解。比如做饭，肉、蛋、菜这些食材就好像是数学里的知识点，但是光有食材，我们也吃不上饭啊！我们还需要用一系列操作将食材烹饪，才能让食材变成食物。同理，逻辑思维就是把“数学食材（知识）”变成“数学美食（答案）”的方法。

同样的原材料，不同的厨师做出来的味道各不相同；同样的知识点，不同的孩子用起来也是水平各异。虽然个体之间差异很大，但背后还是有大量共同的规律，让孩子“掌握已知规律，探索未知规律”就是我们提升逻辑思维能力最核心的任务。

来看一道题：

**鸡和兔子共5只，一共有腿14条。那么，鸡和兔子各有多少只？**

这道题最常见的解题方法有两种：一种是“假设法”，另一种是“抬腿法”。

### 方法一：假设法

两种动物混在一起不好算，那么可以先假设5只全都是鸡，这样有腿：

$$2\times5=10\text{（条）}$$

但是题目有14条腿，所以还缺：

$$14-10=4\text{（条）}$$

这就说明我们的假设不对，还需要补4条腿？如何补呢？没错，这里面不都是鸡，得把其中一些鸡变成兔子。1只鸡变成1只兔，腿增加了：

$$4-2=2\text{（条）}$$

那么要想补上缺的 4 条腿，就需要算出兔子的数量是：

$$4 \div 2=2（只）$$

那其余的是鸡，数量是：

$$5-2=3（只）$$

**方法二：抬腿法**

无论有几只鸡、几只兔，我们让每只动物都抬起 2 条腿，那一共抬起的腿的数量是：

$$2 \times 5=10（条）$$

这时，所有的鸡的腿都抬起来了，变成了“飞鸡”，没有抬起来的都是兔子的腿，数量为：

$$14-10=4（条）$$

一只兔子本来是 4 条腿，刚才抬起来了 2 条，所以每只兔子还有 2 条腿没抬起来，那这时兔子的数量就是：

$$4 \div 2=2（只）$$

那么鸡的数量就是：

$$5-2=3（只）$$

上面的这两种方法，有非常有趣的共同点：它们的题目完全相同，而且列出的算式也一模一样。但是通过这两种解法可以看出，它们背后的思考方式是完全不同的。这就好比同一道菜，用的是同样的食材，但是不同的厨师做出来的菜的味道完全不同。这也是数学一直困扰很多家长和孩子的核心问题：一个人的思维，光靠写出来的答案是无法判断的。因此，我们在训练孩子逻辑思维的过程中，引导孩子思考是最核心的任务。

再来看一道题：

鸡兔同笼，鸡的数量是兔子的 3 倍，兔子和鸡的腿数总和为 50 条，求鸡和兔子各多少只？

这道题看起来虽然也是鸡兔同笼的问题，但是它的逻辑思维却又和上述题目完全不同，解决它需要用到的是分组法。

“鸡的数量是兔子的 3 倍”，那么如果有 1 只兔子，就应该对应 3 只鸡。所以，把 1 只兔子和 3 只鸡分成一组，每组的腿的数量是：

$$4+2\times 3=10（条）$$

每组 10 条腿，一共有 50 条腿，那么组数就是：

$$50 \div 10 = 5$$（组）

每组 1 只兔子，所以兔子数量是：

$$5 \times 1 = 5$$（只）

每组 3 只鸡，所以鸡的数量就是：

$$5 \times 3 = 15$$（只）

从表面来看，这两道题都是“鸡兔同笼”，但其背后需要用到的方法策略和思维类型是完全不一样的，这就是光学好数学知识，依然无法学好数学的原因。

那么，如何才能让孩子具备这样游刃有余的思维运用能力呢?

答案就是在举一反三之前，先要学会“举三反一”。而这里的“举三反一”不是靠孩子自己去疯狂刷题完成的，因为很多思维上的拓展，在儿童阶段很难不借助外力引导而自我实现。这时，老师和家长如何引导孩子就至关重要了。概括说来，就是先通过画图、举例子，让孩子慢慢明白题目背后蕴含的规律，然后进行总结，再去解决新的问题。

本书后面对这些引导方法有非常系统的讲解，身为读者的您，在这里只要能感受到逻辑思维在数学学习中的价值和作用即可。

# 数学学习的维度四：应用——切身体验生活中的“数学场景”

在教学中，还有一个特别有趣的现象，它和孩子的应用能力息息相关。所谓“应用”，就是数学和实际生活的结合。有些孩子数感、空间能力、逻辑思维能力等各方面都不错，也就是我们通常说的“基础不错、程度不错”的学生，但是他们往往会败在应用这个环节。

来看下面几道题：

第一题：

> 一个压路机的轮子宽 2 米，一分钟能走 20 米，那么行驶 10 分钟，压过的路面面积是多少？

这个题目是上小学三年级的孩子学了“面积”之后，经常遇到的题目。很多孩子知道长方形的面积公式，但第一次遇到这种题目都没思路。一开始我很纳闷，明明平时学习还不错的孩子，为什么这种题就一笔都写不出来呢？后来，我和几个孩子聊了聊，立刻就明白了原因。他们不是卡在了数学知识上，而是从来没见过压路机，既不知道压路机是怎么工作的，也不清楚压路机行驶过的痕迹是一个长方形。这样的问题，近些年出现的频率越来越高。如果孩子不能把“长方形面积”的知识点和压路机结合起来，恐怕数学基础再牢固也无济于事。

再举一个类似的例子。第二题：

某人寄信。一封信在 100 克以下，花 1 元钱，超过 100 克的部分，每 10 克花 0.5 元……

这道题具体的计算步骤，我在这里不进行讲解了，主要说一下孩子们在哪里卡住了。之前问我这道题目的孩子，是一个学习很认真的五年级学生。我当时感到困惑，这道题目对他来说其实没有那么难，但为什么卡住了呢？后来和孩子探讨的时候，我发现，他是不理解为什么寄信是按照重量收费的。

孩子当时的原话是：“老师，我们语文课学写信，不都是按照字数来评判吗？为什么这里是按照重量呢？”可见，其实有很多数学题和孩子的真实生活是脱轨的。如果想解决这些困惑，就一定要用生动、直观的例子给孩子讲明白。

所以，我当时给他的解答是："你别把它看成写信，而是看成买肉。不同的重量，肉价有不同的收取方法。"当我说完这句话后，这位同学立刻就明白了，在没有任何其他的引导和帮助下，自己把题目顺畅地解了出来。等他完成了以后，我又布置了一个课外练习，让他陪妈妈寄一次快递，这样他就会收获"邮政和物流是按重量收费"的生活经验。"解铃还须系铃人"，生活经验的缺失，最好的弥补方式，就是在生活中体验。

为了让大家更好地理解，再举两个例子。

第三题：

> 一个桶的容积是 4 升，要把 6 罐 250 毫升的可乐放进桶里降温。请问：把可乐放进去以后，还需要加多少升水？

这道题理解起来并不难，就是用桶的容积（4 升）减去 6 罐可乐的体积（250×6=1500 毫升，即 1.5 升），剩下的就是水的体积（4−1.5=2.5 升）。但是在实际做题中，却有很多孩子不理解题目。让他们感到疑惑的地方是：水桶里放进去可乐，还能够降温？

在他们的生活经验里，降温最常用的工具是冰箱，但是很多成年人可能有这样的经历：在夏天温度比较高的时候，把西瓜、饮料放在水里降温。如果有过一两次这样的经验，解决这个问题就不会有太大的困难了，而如果孩子们没有过这样的经验，在理解题目的时候肯定就会遇到阻碍。但是以我的观点来看，这样的题目未免有些落后于这个时代了，所以孩子做不出这样的题目。我并不认为这应该归咎于孩子经验的缺失，因为这样的降温方式确实过于落后，在现在的生活中已经很少出现了。

最后一道题目：

一月初，王叔叔汽车里程表显示里程是 100 千米，二月初显示是 150 千米，三月初显示是 220 千米，四月初显示是 270 千米。

问：王叔叔一月、二月、三月共行驶了多少千米？

对于司机来说，里程表是再熟悉不过的事物了。但对于孩子来说，有很多小朋友学习里程表的时候，都遇到了困难。根本原因就是，在孩子的生活中，很少接触里程表。而更多的情况是，孩子坐车的时候，家长都希望孩子离方向盘、仪表盘尽可能远远的，否则会有安全隐患。

在这种情况下，如何让孩子理解“里程表”这类问题呢？我给家长的建议是，给孩子做一个“吃饭表”，和孩子一起记录每天吃了几碗米饭，而且记录的时候不仅要有单独一天的吃饭量，还要有每周的累积量。

比如：

周一：单日 3 碗，本周累计：3 碗

周二：单日 2 碗，本周累计：5 碗

周三：单日 3 碗，本周累计：8 碗

……

就这样，只需要两三天的简单记录，孩子对里程表的理解就一定会非常清晰了，因为里程表的本质也是两个内容：单位时间行程，阶段时间累计行程。

通过上面这几个例子，相信大家已经感受到了，要想提高孩子数学学习的“应用”能力，最有效的方法就是让孩子在生活中感受到数学原理的存在。这些东西只依靠课本是无法教会的，只有切身体验到生活场景中的数学，才能让孩子在遇到类似题目的时候，打开思考的大门，将数学知识和题目关联起来，找到解决问题的方法。

如果孩子同时还能拥有良好的数感、空间能力、逻辑思维能力，那么他成功的概率就会大大提升。

# 冰山模型："学霸"是如何养成的

《孙子·谋攻》曰："知彼知己，百战不殆。"学习数学也是类似的，这里的"彼"指的是数学学科，而"己"指的就是孩子自己。

前面几节聊了数学的特点，下面我们来聊一聊那些数学学得好的孩子有什么特点。下面所要探讨的内容，其实不仅针对数学学得好的孩子，而是说任何一门学科或者领域领先的人，应该都有如下的特点。

一说到"学习好"，我们就会想到"学霸"这个词，那么所谓的"学霸"和其他人的差别究竟在哪里呢?

大多数家长认为，学霸有很多共同的优点：上课认真听讲、积极发言、勇于提问、乐于讨论、善于预习、作业及时完成、爱查资料……于是，为了让自己的孩子也变成学霸，家长朋友们经常会采取比较强制的管理手段，要求甚至逼迫孩子按照这些标准去学习。但是我们所看到的这些行为都只是冰山一角，如果把"学霸"比作冰山的话，这些所谓的好习惯，只是露出水面的部分，而藏在水下的实力，以及造就这些实力的过程是看不见的。为了让大家更好地理解背后的机制，我把这种能力模型称作“冰山模型”。

## 好习惯的“冰山模型”

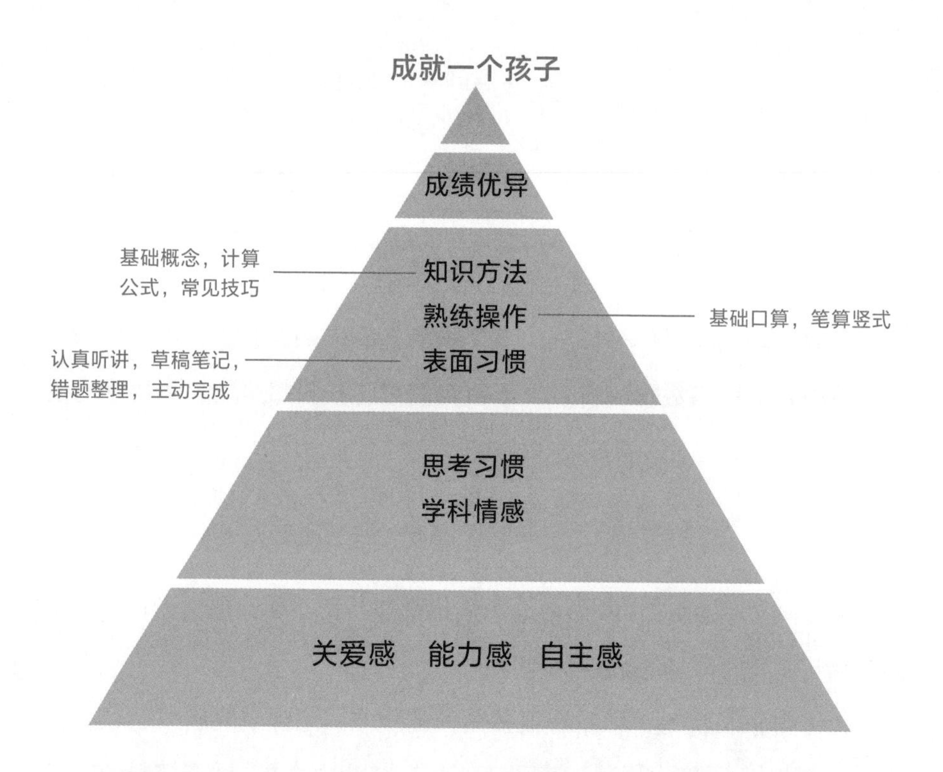


从上往下看这个冰山模型，距离“成就一个孩子”最近的，是孩子的成绩。但是成绩的高或低，并不是表面看到的那样单单由成绩自身决定的，而是建立在下面每一层的基础之上的。所以当成绩出问题的时候，我们要继续深入地分析，这就来到了下一层。

这一层包括三个方面：知识方法、熟练操作、表面习惯。

### 第一，知识方法

每门学科都有自己的知识点，比如语文的文字读音、成语含义，英语的单词、语法，数学的定理、公式，等等。此外，每门学科都有一些具体的解题方法，比如上文提到的鸡兔同笼假设法、抬腿法。一个孩子某一门学科的成绩，一定是受这门学科的知识方法影响的，所以这是本层的第一部分。

### 第二，熟练操作

除了知识方法以外，每门学科还需要孩子熟练掌握一些基础的技能。例如，英语中的常见短语，要能够很熟练地辨析其含义，而数学的基础技能是口算和笔算能力。这些基础操作的熟练度，也会极大地影响一个孩子的学科成绩，这是本层冰山的第二部分。

### 第三，表面习惯

在我看来，习惯可以分为两类，一类是我们能够观察到的，比如上课认真听讲、做题打草稿、上课记笔记等。我把这类习惯称为“表面习惯”，或者“显性习惯”。还有一类习惯，我们是看不到的，例如一个人面对问题的思考方式，我把这些习惯称为“隐形习惯”。而冰山的这一层，只深入到了“表面习惯”的程度。

可能看到这里，有的家长会说：“老师，您不用往下说了。我家孩子如果能具备上面说的这三方面，我就已经很知足了，不需要具备更深层次的素养了。”但是上面说的这三方面，其实并不是学习优秀的“因”。虽然看起来是这三方面造就了一个学霸的好成绩，但实际上，它们和考试成绩类似，都只是冰山更深层次的“果”。所以，如果你希望孩子具备以上提到的三方面的素养，任何科目都能够掌握扎实的知识方法，具备熟练的技能，并且有良好的学习习惯，那么你一定要把下面的内容看完。

冰山模型接下来的两层才是塑造一个学霸的核心，而这两层的内容却往往被绝大多数家长和老师忽略。正是因为只有少数教育者才能领悟到这个程度，所以能培养出优秀孩子的家庭也是少数。下一层就是思考习惯和学科情感。

## 思考习惯

思考习惯，就是我们常说的“爱琢磨”。我认为，思考习惯包括两个方面：一个是愿不愿意思考，另一个是有没有方法思考。人类最大的优势，就是我们天生具备思考的潜力，所以好的老师和家长会想尽一切方法激发孩子思考，帮助他把这种潜力变成实力。

当然，也经常有家长向我抱怨：“老师，我们家孩子就是懒，不爱思考。”如果你也觉得自己的孩子是这样的话，那我想说，不是孩子懒，而是家长懒，或者老师懒。因为家长不当的引导方式导致孩子的潜力没有发挥出来，难道还要怪孩子懒吗？

讲到这里，又有家长会争辩：“老师，我每天都辅导孩子做数学作业，我讲题讲得可辛苦了，可他就是不理解，也没进步。你怎么能说我懒呢？”

我举个例子，你就明白为什么我会说这些家长或老师懒了。

我曾观察过一个家长给上小学二年级的儿子辅导应用题。小朋友刚学乘法，计算本身就不是很熟练，又遇到了一道特别冗长的应用题，于是向妈妈求救。

题目是这样的：

> 二（1）班老师组织同学们租车去校外春游，一辆车能坐 6 个人，一共租了 4 辆车，刚好坐满，那么一共有多少人去春游？

这道题在我们成年人眼中，简直是再简单不过了。但是不要忘了，成年人眼里的理所当然，都是孩子世界里的前所未见。对于一个上小学二年级的孩子来说，读这么多文字的数学题本身就有难度，把这些文字转化为算式就更难了。就在这个孩子慢慢思考的时候，他的妈妈着急了，不耐烦地说：“一辆车 6 个人，4 辆车，怎么算？”还没等孩子思考，妈妈紧接着喊了出来，“4 乘 6 啊！我问你，4 乘 6 等于多少？”

孩子正要用九九乘法表去找答案，妈妈又着急地说了句：“四六二十四啊！”紧接着，就问孩子，“听懂了没？这都不会算！”

我相信，类似的场景在千千万万的家庭中，每天都会上演无数次。但是我们来仔细想一想，这样的教学方法能让孩子养成思考习惯吗？如果家长每天这样辅导孩子功课，看起来是非常勤奋的，绝对不是懒惰的，但是这种勤奋却是无效的，甚至是破坏孩子思考习惯的。所有无效的勤奋，都是懒于反思造成的。家长越辅导越累，孩子越学习越差。到了这样的境地都没有进行过反思，这难道不是教育者的懒惰吗？

那在上面的场景中，如何辅导才能真正培养孩子的思考习惯呢？概括成一句话，就是“重演孩子的学习过程”。

当我们站在孩子的角度去想的时候，就会明白这位小朋友所处的境地了：

> 今天，老师给我们讲了一种新的计算方法，叫作“乘法”。我刚接触乘法，计算还有些慢，如果题目的文字比较多，我读起来就会很吃力，那么谁能帮我找到解决这些题目的方法呢？

因为想到了这些，我给孩子讲这道题的时候是这样做的。

首先，我会画图。一辆车 6 个人，我就画一条横线，上面画 6 个圆圈，横线表示车，圆圈表示人，让孩子先明白一辆车是如何用画图表示的。然后，我会按这种方法画出剩下的 3 辆车，还有每辆车上的人。最后，我会用“新旧衔接”的方式，先问问孩子：“如果用你非常熟悉的加法计算，你会怎么列算式？”

在孩子说出“6+6+6+6”之后，我会说他做得很对，然后让他去思考：“虽然加法是正确的，但是你觉得加数这么多，写起来麻烦吗？能不能用新学的计算方法表示呢？”这样的提问可以促进孩子把新知识和旧知识关联起来，进一步让他理解乘法的出现，其实是为了提高加法的效率。

当孩子想到用乘法以后，我会让他自己写出算式，然后让他独立用乘法口诀计算出结果。

这个过程看起来虽然慢，但它是符合孩子的认知规律的。好的教学方式，就像是“小步快跑”，也就是互动很频繁，但是问题之间衔接得非常紧密；而不好的教学方式，就是“大步流星”，这样很容易忽略孩子思考的细节。而一旦错过太多细节，我们也就错过了思考习惯。所以，在学新知识时，越能“小步快跑”的孩子，在未来解决复杂问题的时候，越能“大步流星”，因为他们已经掌握了循序渐进探索规律的方法了。

## 学科情感

接下来，我们来聊一聊“学科情感”。这个概念我认为非常好理解，因为人与人之间都有情感关联，你和一些人情感好，也会和一些人情感不好。人与学科也是一样的道理。同一个孩子对不同学科的情感不一样，不同的孩子对同一门学科的情感也会不同。那么，什么决定了一个孩子对某门学科的情感呢？那就是他在学习这门学科时的感受。

在这里，为了让大家更好地理解这些感受，我主要列举一些容易被我们忽略但又会对孩子学科情感造成极大伤害的场景。例如，家长盯着孩子写作业，只要孩子一出现所谓的“坏习惯”，家长立刻加以制止，甚至唠叨。

其实家长可以换位思考一下，如果每天工作的时候，领导就坐在旁边，你打错一个字，领导就说你不认真；你给客户打电话，停顿一下，领导就说你准备不充分……如果是这样，你觉得你对工作的情感会好吗？

有很多家长认为，孩子必须盯着，出现问题必须及时矫正。但是，所谓的“盯着”和“矫正”是有一定前提的，这个前提是对“自由”的尊重。如果没有对“自由”的尊重，无底线地监督，带来的结果就是让人窒息的压迫感。因为人的精力都是有限的，如果用 100 分来衡量一个人所有的精力，那么当孩子在他舒适且放松的氛围中学习时，他可能会把 80 分的精力放在思考上。可是，如果旁边有家长一直盯着他，他很可能会把 80 分的精力放在家长身上，脑子里时刻小心警惕：“我妈妈不会又骂我吧？”“我可千万别再写错了，不然我爸又要发脾气了。”

当然，这时候又会有一些家长着急地向我抱怨：“我们家孩子不盯不行啊，写作业的时候磨磨蹭蹭，一会儿搓搓橡皮，一会儿抓耳挠腮，效率低下，为什么不能积极主动一点！”

可是我想反问，你了解过孩子为什么搓搓橡皮、抓耳挠腮吗？绝大部分情况，孩子做出这样的行为，要么是因为已经学习了一段时间，确实需要休息一下，放空一下大脑，要么就是他遇到了自己不会的地方，实在没办法了。在这种时候，如果我们不体谅孩子，让他喘口气，或者不给予他帮助，只是责备他磨蹭，那只会破坏他对数学学习的兴趣。

有的家长总是误以为现在多批评批评，严加管教，让孩子多吃点苦，他以后才能成才。然而事实恰恰相反！如果孩子每天的学习感受不好，日积月累，他的感受就会越来越差劲，怎么可能在未来成才？！就好像如果你每天工作的时候心情都不好，长期如此，你工作十年之后，难道就能当上大老板，走上人生巅峰了吗？

所以，良好的学科情感，一定是从每一天的学习体验中积累出来的。当然，我知道很多家长觉得很无助，因为绝大部分家长并不是一开始就想催促孩子，甚至责备孩子的。家长发脾气，往往是因为家长的压力也很大，一方面知道孩子学习有困难，另一方面又没有切实可行的方法帮助孩子解决难题。但是孩子的作业就摆在那儿，不管孩子会不会，第二天都要上交，那怎么办？这样的无助和无奈，最后就变成了愤怒。

如果家长朋友们真的看懂了上面的逻辑，那我们就可以把问题拆解成两个方面：一是停止伤害孩子，二是和孩子一起找到解决问题的方法。

停止伤害孩子，就是下次你看到孩子的一些小错误，想指责时，就想想如果你的领导对你做同样的事情，你是否会更热爱你的工作。如果一些行为，你自己想想都很反感，那千万不要对孩子做。

和孩子一起找到解决问题的方法，这就需要家长寻求外力帮助了，比如找老师和其他家长、上网搜索，或者可以多看看这本书中的方法，等等。总而言之，千万不要把无法解决问题的压力转化为亲子间互相伤害的理由。退一步讲，在我看来，宁可纵容孩子每天都有一两道题做不出来，或者计算总犯一些小错误，也不要为了让他做出题，让他全做对，而伤害他对数学的情感，这是得不偿失的。

我能理解家长朋友们望子成龙、望女成凤之心迫切，但是好成绩只是教育的“果”，我们更多要在“因”上去努力，正如佛教所说“因上努力，果上随缘”。

这里还有一个常见的问题：有的孩子在遇到不会做的题目时，会发脾气。这个时候，家长往往束手无策，或者把孩子训斥一顿，希望以怒制怒，压制住孩子的怒火。其实，孩子有这种表现是一件好事。让我们站在学科情感和思考习惯的角度来分析，孩子着急的原因是想做而做不出这道题。“想做”恰恰证明孩子的学科情感没有被破坏，他对于解决问题有着强烈的渴望，并且希望获得那份成就感。如果他的学科情感被破坏了，觉得无所谓，自然也不会为一道题着急上火了。而让他着急的，正是解决问题的方法，缺少思考的切入点。这个时候，老师和家长一定要沉下心来，呵护好孩子对学习的情感，重演孩子的学习过程，和他一起解决问题，而不是站在旁边，事不关己般把他批评一通。

在思考习惯和学科情感这两者之间，我认为学科情感一旦出了问题，才是真正可怕的。**那些年级越高、数学越落后的孩子，往往越需要还两笔债：思考债和情感债。**

如果情感债不多，那么思考债就很好补。那些上了中学能够逆袭的孩子，往往是没有欠下情感债，对数学的学习还没有彻底放弃。但是一旦欠下了数学的情感债，那想补起来可就比登天还难了。这也是为什么我上文写道，宁可孩子当下有一些题不会做，也不要因此破坏他的学科情感。

如果孩子在学习的过程中，一出现一些小毛病，家长或者老师就唠叨、批评、责备、嘲讽，甚至还把孩子当作反面教材和别人家的孩子做比较，孩子的自我评估就会受到毁灭性的打击。正如我们前面所讲，**孩子学习效果最大的影响因子就是自我评估。自我评估越低，学习效果就会越差。**

所以，如果你在对辅导孩子学习这件事上有困惑，那么宁可什么都别做，也不要伤害孩子的学科情感。思考习惯是靠引导的，而学科情感是需要保护的。至于这两笔债如何偿还，我在后面的内容中会详细展开。

# 原子模型：为孩子储备学习的能量

在讲“冰山模型”的最后一层之前，先介绍一个和学科情感、思考习惯紧密联系的模型，我称之为“原子模型”。

**原子模型**

原子是由原子核和核外电子组成的，但是原子要运转，单靠这两个物质本身是不够的，就好像电脑有了主机和屏幕，还必须通电才能运转。同理，原子有了原子核和核外电子，还必须有——能量。

孩子的学习也一样，既需要物质，也需要能量，而更重要的是能量。物质对应的是专业知识和学习方法，能量对应的是思考习惯和学科情感。

很多家长希望我给孩子多总结一些题目、套卷，甚至是“私藏密卷”这样的东西，我是反对的。这就等同于把孩子的教育局限在了“物质”层面，以为学不好是因为知识没有掌握、方法没有学会。事实上并不是这样的，绝大部分孩子学不好的原因，是他们缺少了学习的能量。也就是说，当孩子没有学习能量（学习的思考习惯和学科情感）时，就好像原子没有了能量而只有物质，电脑没有了电而只有机器，那么有再多的知识和方法，孩子的学习也是无法调动和运转起来的。

**好的老师和家长一定是不仅给孩子提供学习的物质基础——教会孩子知识和方法，更重要的是给孩子注入学习的能量——培养孩子的思考习惯和学科情感，让他对学习这件事有爱、有思考，爱和思考才是学习这件事最重要的东西。**

**在学习的“原子模型”中，能量比物质重要得多。**就好比原子，即便是物质不足，只要能量充足，也能激发有限的原子核和电子充分活动。同理，当孩子具备了良好的学科情感和思考习惯，就算知识与方法掌握得还不足，也能有足够的热情与内驱力来调动自我，去学习和补足知识与方法。

# 教育的双重作用

这一节和大家聊一聊教育的双重作用，这与上一节中学习的能量密切相关。

从整个社会的宏观角度思考教育的目的是什么，对我们家长理解教育这件事有登高望远而看清当下的重要意义。

教育对社会的意义是什么？我认为从宏观角度来看，可以概括为两点：一是培养，二是筛选。培养指的是孩子从小学到大学，整个求学求知成长改变的过程。筛选指的是层层选拔：上完小学有小升初，上完初中有中考，上完高中有高考，大学毕业前还要交毕业论文，后面可能还要考研究生。

在教育的这两类作用当中，培养是筛选的基础和前提，但是现在很多家长甚至教育从业者，却把教育的目光只局限在“筛选”这个环节上，也因此孕育了所谓的“教育培训”行业，即通过所谓的“培训”和“上培训班”来应对“筛选”，却忽略了教育“培养”的重要性。但事实上，我们应该更关注和重视“培养”。所谓“因上努力，果上随缘”，教育所有的“因”

都在于培养的环节，所有的“果”都体现在筛选的环节。

筛选，筛选的是一个人的能力，中考、高考筛选的都是孩子的学习能力。因此，多年来很多家长都走入了一个误区——认为教育的过程，是培养孩子能力的过程，孩子有了能力再去参加筛选——在我看来这是错误的。因为在这个过程中，有一个重要的环节被忽视了，那就是赋予孩子“能量”。

也就是说，教育的过程，不是去直接培养孩子的能力，因为前面我们讨论过，**能力不是单靠外部力量就能培养出来的，而是内生出来的，生长的土壤就是孩子爱与思考的能量，因此在教育的过程中，应该赋予孩子能量，培育出让能力生长的肥沃土壤。**

教育并不是直接教会孩子什么东西，而是为孩子成长创造适宜的环境。如果教育者误认为教育是培养能力，那么当孩子的能力不足时，教育者就会批评、责怪孩子，让孩子产生耻辱感、恐惧感，并妄想由此来刺激孩子提升能力。这其实大错特错，因为批评教育严重破坏了孩子爱与思考的能量，也就破坏了能力生长的土壤，适得其反。

而当一个孩子能量充足（具备爱与思考的能力），他就有了学习的动力，那么就算他此刻能力再弱，也会在能量的土壤上越长越强。

在这里，有一个故事和大家分享。我有一个学声乐的朋友，他有很高的专业成绩。有一次和他聊天，我问他为什么会选择声乐这条路。他回答说：“因为小时候，我一唱歌，妈妈就表扬我。家里一来客人，妈妈就让我在他们面前表演……”

我继续问他：“那现在你作为一个专业人士，回看小时候的自己，你那时候的唱歌水平真的非常高超吗？”

我的朋友很快笑了，回答说："当然不是。"他想了想又认真地补充道，"我确实比其他孩子学得快一些，但更重要的是妈妈的表扬和'炫耀'，这让我以为我就是天赋异禀。"

这是一个很典型的案例，由此我们想到，每个人的能力都是由弱到强培养出来的。我们不可能像孙悟空一样，从石猴到美猴王，再到斗战胜佛，速度快得惊人。这个由弱到强的生长过程，并不是靠外界刺激而完成的，而是靠内心的自我修炼与提升来完成的，想进行内心的修炼，就必须有充足的能量。

再打一个比方，在教育这件事上，每个孩子体内都好像有一块电池，学习的过程确实辛苦，就像是在耗电，那么如果想让孩子学得更多、更有乐趣、更有动力，就要不断地给孩子充电，储备足够的电量，而不是"充电一分钟，耗电几小时"，这就违背了孩子成长和学习的规律。只有有效地补充能量（培养孩子的学科情感与思考习惯），才是给孩子充电，而通过强制手段试图提升孩子能力的行为，只能加快他耗电的速度。

当孩子电量充足、能量充足的时候，自然就会把充分的能量转化为能力。那时候，甚至不需要家长和老师的干预和催促，这就是"无师自通"的状态。**所谓"无师自通"，就是用教育培养能量，到孩子自发将能量转化为能力的闭环。当我们把教育的关注点都放在孩子的能量上时，孩子自己就会"无师自通"地提升能力，应对社会对他的筛选。**

基于原子模型，希望家长们能够理解，孩子的教育，应该把重点放在培养上，至于筛选，那是社会对孩子做的事情。

# 内驱力的核心一：呵护孩子的关爱感

我们来讲讲内驱力底层的“三感”，也就是“冰山模型”的底层。

内驱力是很多家长非常关注的话题。我们都知道，一个孩子有内驱力后，才可能形成“无师自通”的独立学习力。那么，影响一个人内驱力的核心因素到底是什么呢？我把它归纳为三种感受：关爱感、能力感、自主感。

## 什么是关爱感

“关爱感”，顾名思义，就是让孩子感受到他是被关心、被关怀、被关爱的。当然，谈到这里，很多家长会感到困惑：“我的孩子，我当然是关爱他的啊。我每天为他洗衣做饭，照顾他衣食冷暖，供他上学，还要操心他成长，怎么可能不关爱呢？”但是请注意，在“关爱感”这一要素中，除了“关爱”，更重要的是“感”，也就是感受。

我接触过很多案例，父母和孩子产生矛盾后，双方是这样一种对立状态：父母会觉得付出了很多心血去关爱孩子，但孩子并没有真正感受到父母对他的关爱，他认为父母不是在真的关心他。所以“关爱感”指的不是家长给孩子关爱，准确地说，是要让孩子“感受”到被关爱。

那么，刚才所说的矛盾对立状态，概括起来就是让很多家长感到困惑的问题：如何让孩子感受到家长的良苦用心？

## 树苗模型：让孩子感受到关爱

其实，如何让孩子感受到关爱，关系到孩子的成长规律。我们可以用一个模型来理解，我把它叫作“树苗模型”，其中包含了树苗、土壤、太阳、园丁四个要素。

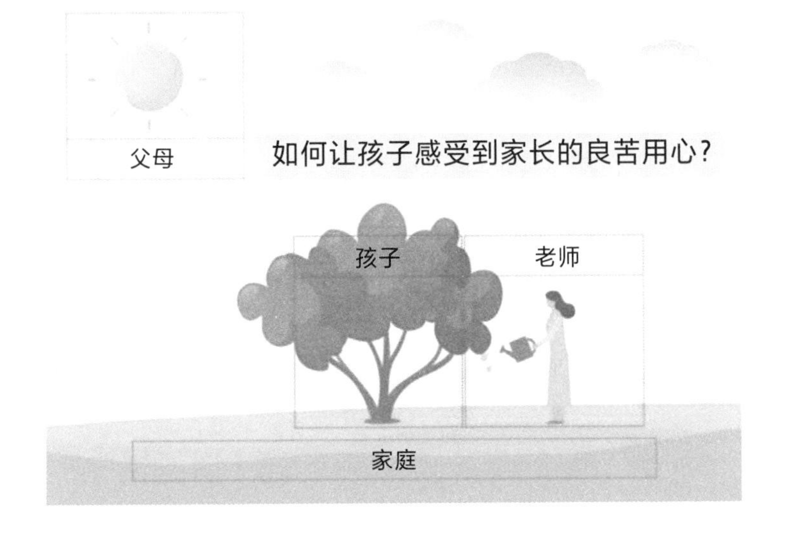

在这个模型中，孩子就像一棵小树苗，有一种向上生长的本能，而教育应该是帮助他最大限度地遵循生长的本能，并找到生长最优的途径和方式。

首先，家庭扮演着土壤的角色。请注意，这里的“家庭”是一个广义的概念，不仅仅包括父母和孩子，而是包含整个家族的内外部多重关系及其他要素，其中涉及夫妻关系、祖孙关系等重要亲属之间的关系以及外在社会关系等。此外，还包括家庭的经济状况、思想观念、文化价值观等。每个家庭的土壤特征与优劣势各不相同，也许有的家庭夫妻关系不算和谐，有的家庭并不富裕等，也许“土壤”的优势不足、养分不够，但并不意味着树苗在这里就不能生长，就好像天底下本身也无法找到完美的土地一样，只要家庭这一土壤不是恶劣到寸草不生的地步，树苗都可以凭借本能在其中生长。

其次，父母扮演的角色是什么呢？父母在孩子这棵小树苗的眼中，就像是阳光。阳光是树苗生长的必备要素，没有了阳光，树苗便不可能生长。而且，阳光永远无条件、无差别、无目的且不求回报地滋养树苗。即使天空被乌云遮盖，阳光也依然洒向大地。所以，对于孩子来说也是一样的，即使父母不在身边，孩子也依然应该能感受到父母的关爱。这就是父母应该发挥的作用，即，**无条件、无差别、无目的地给予孩子关爱。**

在树苗模型中，还有一个角色是老师，扮演园丁。园丁是一个“技术工种”，要根据树苗不同的生长状况，考虑是否给树苗浇水施肥、如何浇水施肥。在学习成长的过程中，每个孩子获取知识方法的能力是不同的，这时候就需要作为园丁的老师因材施教。

在这个模型中，各个角色的分工是自然而明确的，但是当分工出现错位时，孩子就会感受不到家长的关爱。孩子虽然不会用语言直接表达，但是在他的潜意识中，早就对这些角色和行为做了关联。

比如，当一个孩子感到饥饿或寒冷时，他第一时间势必会求助于父母。当拿到一本练习册时，如果是父母买的，孩子往往不愿意做，可如果是学校布置的作业，他就会去完成。因为孩子认为衣食住行是与父母强关联的，而练习册、考试、学科问题等，是和老师强关联的。所以，在孩子的心目中，对于老师和父母的角色是有默认定位的。当这种角色定位被打破时，角色和其应有的行为就会发生错乱。本该关怀温饱、健康、快乐的父母，却买来一堆练习册，孩子会感到不舒服，甚至会感到不被关爱。

所以，想让孩子感受到家长的良苦用心，家长首先必须明确自己在孩子心中的角色。当然，谈到这里，很多家长可能会吐槽，角色与行为错位的原因之一，是现在有很多老师并没有扮演好园丁的角色，并不尽职。关于这个问题，还是需要家长明确地知道自己的角色与分工。如果园丁不够勤勉，家长就更应该给予孩子阳光的滋养，而不是试图取代园丁的角色，因为阳光永远代替不了园丁。

从现实角度来讲，家长最好帮助孩子找到更合适的园丁。如果这在现实操作中有一定难度，那么家长也可尝试与老师沟通，推动园丁更好地履行职责。

提升孩子关爱感的最简单直接的方式，就是家长给予孩子无条件、无目的、无代价的爱，而不是取代教师角色，那样只会导致关爱感的稀释与缺失。

## 什么会破坏孩子的关爱感

当角色与分工明确后，还有什么环节会影响孩子的关爱感呢？这里面有两个环节容易产生问题。

一、没有关注孩子自身的感受，而只在乎事情做得好坏。

例如，我们都曾看到过这样一类新闻：因为孩子的考试成绩不理想，孩子和父母闹矛盾，或者离家出走，甚至自残、自杀。当有老师或记者采访他们的时候，这些孩子有的会说“我的父母只喜欢听话乖巧、成绩优秀的孩子，他们不会喜欢现在的我”。用树苗模型来描述，就是当孩子茁壮成长而表现优异时，父母才给予爱和阳光；如果孩子不够优秀，父母就收起了爱与阳光。这显然违背了孩子的生长规律，本末倒置，对于孩子的成长是极为不利的。

又如，孩子上课总是走神，父母被老师叫到学校一顿批评后，回家又痛骂孩子，责令必须认真改正，并请老师盯紧孩子，一旦再走神就直接惩罚。此时，父母只关注了听讲这件事，并没有关心孩子本身的感受，没有想一想孩子为什么总是走神：是身体不舒服吗？是对这门课不感兴趣吗？是最近发生了什么不开心的事情吗？这就是只关注了“事”的表现。那么，什么才是关注人和关注孩子本身呢？就是去聆听孩子的感受是什么，分析造成孩子行为的原因是什么，而非不明所以地批评和责备。

在上述情况中，孩子会直接感受到，父母关注“事”，而不关注“人”，感受到父母的爱和阳光是有条件、有代价的，不是对他本身的关爱。这时，他体验到的关爱感就大打折扣了。

二、不尊重孩子的想法与行为。

还有一种影响孩子关爱感的情形叫“汝之蜜糖，彼之砒霜”。

有些家长教育孩子的目的不是成就孩子，而是让孩子实现家长未完成的梦想。有的家长自己年轻时想学习某种艺术，未能如愿，便安排孩子学习。还有的家长认为，自己以前因为学习不好而没有找到一份好的工作，所以一定要让自己的孩子学习成绩好。对于这种情况，有一首诗这样写道："你的孩子不是你的孩子，你的孩子不属于你，你的孩子只属于他自己……"孩子只是借由父母的身体来到这个世界，所以家长认为是蜜糖的东西，也许孩子并不喜欢，甚至抗拒如同砒霜。这就如同我们在日常生活中送礼，一定会送别人感兴趣的礼物，而不是按照自己的喜好挑选，这个简单的道理放在孩子身上也是一样的。家长更应该多听听孩子的想法，关注孩子喜欢的事物。

我国著名的心理学家贺岭峰曾经讲过自己和女儿之间的一个故事。

有一次，他接到女儿学校老师的电话，"勒令"他前去学校一趟。于是，贺老师赶紧请假，像万千被老师点名到校的家长一样，怀着忐忑的心情前往学校。到了学校之后，老师见到家长，直截了当且毫不客气地质问道："你就是 ××× 的家长啊，你们家长是不是觉得生完孩子就没什么事儿了？教育孩子的事就全部推给我们学校老师了？"

贺老师赶紧反思道："不不不，我们家长有责任把自己孩子教育好。"

老师听完更加不客气地说道："你还知道啊？我们学校要求孩子做完作业后，家长检查签字，你们家谁签字？"

贺老师连忙说："我签字了啊。"

老师说："知道你签字了，所以让你过来！你签字前不检查吗？又是怎么检查的？你孩子同一道数学题现在已经错第四遍了，你知道吗？怎么做家长的啊！"

贺老师被老师一通训斥，非常郁闷地回到家。等到孩子放学了，一家人坐在一起吃饭。因为贺老师带着被训斥后的烦闷，所以吃饭时兀自吞食，谁也不理。女儿察觉后有意偷偷看他，也未被理睬。

后来，贺老师的女儿开口问道："老爸，今天下午是不是我们老师把你叫到学校去了？"

贺老师："是啊。"

女儿："老师都跟你说什么了？"

贺老师："说你最近一段时间的数学考试，卷面明显比以前整洁多了。老师通过这件事情，看出你现在学习数学的态度比以前更加端正和认真了。就希望你以后再做题的时候，要认真审题，多验算，这样你的成绩才能够提高。"

女儿："还说什么了？"

贺老师："没有了啊，就说这么多啊。"

贺老师讲完这段小故事，对于他在其中的所思所想，这样补充道：

你们说，我为什么不训我女儿呢？大家想想，数学老师为什么训我？因为她心情不好——小学数学并不复杂，所以老师可能一直认为自己是一个很优秀的数学老师。直到她遇见了我的女儿，发现这么简单的题，教了四遍还没有教会，所以自尊心受到了强烈的打击，于是把我叫到了学校，问一问到底是谁的问题。而且，她此前一定是把我女儿叫到跟前训过好几次了。训完了，我女儿还出错，老师就想到了我。不知道训完我，老师是否开心了，但总之我是不开心的。所以，如果我回到家再把女儿训一通，那么我跟老师所做的有什么区别呢？那样的话，我只是宣泄了我的情绪，跟我的女儿没有什么关系。更重要的是，那道数学题跟我也没有什么关系，我才不去管那道数学题呢，也不会让女儿把题目拿给我帮她看看。如果数学老师讲不明白，那我这个心理学老师又怎么能教明白呢？

所以，老师的情绪问题是老师的问题，我的情绪问题是我的问题，这些事跟我女儿都没有什么关系。

为什么我不训我的女儿呢？因为我觉得，一个人有什么资格让别人管你叫爸爸妈妈？你总得替人扛一点什么东西吧。老师在那边训了你，你回过头来就把女儿训一通，那你还是她的爸爸妈妈吗？所以这些东西，是做父母就应该承受的东西，然后你的问题由你来消化，不要把它转嫁到孩子身上。

这就是一个情绪处理的问题，并不是那道题目的问题，也不是你发火后把孩子骂一顿，孩子自己就会做那道题了。还有最重要的一点就是，我跟我女儿的关系，怎么能因为一个外人说两句坏话就被破坏呢？我最重要的事情是保持跟我女儿的关系，我绝不做班主任在家庭中的代理人，我也绝对不做家庭教师，那不是我应该干的活儿。

贺老师说的这段话，正是一个“关注人而非事”的正向案例：他不批评女儿的根本原因，就是他关心的压根儿不是做错数学题目那件事；那件事是孩子的事，不是父母的事。他关注的是什么？他关注的是他的女儿，以及他和女儿之间的关系。因此，在他的观念中，做父母最重要的职责不是教会孩子语文、数学、英语这些学科知识，而是要保持和孩子之间良好亲密的亲子关系。所以，当作为家长的你想明白这件事时，你就明白什么是关爱感了。关爱感的出发点就是良好亲密的亲子关系。

下面，我们再来看一个破坏亲密感的反面案例。

国内曾有个当红女明星，因为偷税漏税、隐婚、代孕、弃养等一些负面新闻，遭受了重大打击。在这一事件中，其本人遭受负面新闻的影响与打击是巨大的，甚至是影响一生的，而我认为这与其母亲的教育方式有密不可分的关系。在过往采访女明星母亲的视频中，有着这样的对话：

记者：为什么让孩子上这么多的兴趣班呢？

妈妈：可能是实现我的一个理想吧。我小时候就是想从事演艺事业这方面的（工作）……因此我就对她要求比较严，（练琴的时候）我就用那挠痒痒的挠子打她小手……我就喜欢军事化管理……

这不就是典型的"汝之蜜糖，彼之砒霜"吗？虽然孩子在一定时间内获得了事业上的成功，但是这位母亲对孩子内心性格形成的缺陷造成了不可磨灭以及不可逆转的影响。这种性格的缺陷，导致了该女明星的人生遭遇了重创与失败。

我经常跟家长讲一段话："我们的人生不是一场百米跑，此刻谁跑得快就能拿冠军，人生是一场马拉松，孩子可以跑得慢一点，也不用时时刻刻都领先，只要能顺利地跑到终点，就是人生赢家。**千万不要再认为孩子来到这个世界是来帮你完成梦想的，这样孩子会感受不到任何关爱，你会把所有的关注点都放在孩子在完成你的梦想的过程中遇到的困难、迷茫、挫败上，而忽略了孩子本身的健康与快乐。**"

那正确的做法应该是怎样的呢？我们再来看一个案例。

有一位清华教授在一次演讲中，讲到了这样一个话题——"我的女儿正势不可当地成为一个普通人"。她提到，在当今社会，如果一个人选择"放弃成功"，也未必是坏事，找到自我、认识自我、接纳自我，才是最重要的人生功课。所以，希望家长们都能够明白，这世界上不普通的人没有几个。**虽然我们都希望把孩子培养成为精英，但是比培养精英更重要的是，把孩子培养成为一个快乐的普通人。绝大多数失败教育案例的结果，并不**

**是孩子没有成为精英，而是孩子无法成为一个快乐的普通人，成长为一个失落的、消极的普通人，空心的、没有灵魂的普通人。**

还有一个案例让人很触动，因为它是从家长和孩子两种不同的视角来看同一个话题的。看完这个案例，就能够明白成年人和孩子思考问题的深层差别究竟在哪里。这个案例来自一段视频素材。

**问题：孩子在你心目中是怎样的？**

妈妈1：特别不好的是，他总是喜欢用袖子擦嘴巴。

妈妈2：她就是不肯吃饭啊！

妈妈3：什么青菜都不爱吃！

妈妈4：一天啊，要哭五六次。

妈妈5：我说："你耳朵是不是没啦？"他说："我耳朵就在这儿啊。"我说："那你怎么听不进啊？"他说："我耳朵塞住了。"

妈妈6：我有时候真的很生气，你知道吗？他不听我话的时候，我很生气的。

**问题：如果满分是10分，你会给孩子打几分？**

妈妈1（迟疑地说）：7分吧。

妈妈2（犹豫地说）：5分吧。

妈妈3：嗯……（在思考）那有8分。

妈妈4（不确定地说）：8分？8分吧！

妈妈 5：我打 8 分吧……

妈妈 6：应该是 7 分吧……

**问题：妈妈在你心目中是怎样的？**

孩子 1：我喜欢妈妈陪我玩儿，就是很喜欢妈妈。

孩子 2：我放学回家就是要妈妈抱。

孩子 3：我喜欢妈妈的口红。

孩子 4：她的头发很漂亮……想保护她。

孩子 5：嘴巴可以亲我……妈妈变老了，我会很伤心。

孩子 6：脸很好玩，很像棉花糖……我会画画、想妈妈的。

孩子 7：妈妈烧饭给我吃很辛苦。

**问题：如果满分是 10 分，你会给妈妈打几分？**

所有的孩子几乎都没有犹豫，快速地说："打 10 分，打 1 万分！"

同一个话题，给妈妈打分 / 给孩子打分，妈妈和孩子的行为之间有一个极大的不同——妈妈很犹豫，也很纠结。妈妈真的是在给孩子计算分数，但是孩子没有做任何计算，每个孩子都给妈妈打出了 10 分，而且每个孩子都是带着兴奋、快乐、自豪、幸福的感觉说出来的。

所以，怎样才能让孩子有被关爱的感受呢？就是去爱，而不是计算！

爱，不需要计算！自然而然地流露，直截了当地给予。

其实，冰山模型底层的“三感”在孩子的人生中起着不同的作用。其中，关爱感的作用就是给予孩子勇于迎接未来一切不确定性的底气。

我在北大读大一的时候，特别痛苦，因为周围都是学霸，强者如云。我在高中以当地非常优异的成绩考入北大，结果来到新环境，发现完全被“碾压”。那一年，我的压力特别大，一到期中、期末考试，几乎就处在崩溃的边缘，害怕考试，害怕挂科。所以每次到考试复习周，我就独自去自习，却陷入自我否定和自我怀疑中。

当我感觉实在扛不住压力的时候，就会给我母亲打个电话聊聊天。她从来不问我学业方面的事，只关心三个问题：吃得好不好？穿得暖不暖？睡得好不好？反而是这种最质朴的关爱，让我更有底气去直面遇到的所有苦难与挑战。也正是因为有这些关爱，我才在本科期间不仅没有挂科，毕业时还获得了保送研究生的资格和奖学金。

所以，在孩子的成长过程中，建立关爱感最重要的一点，是关注孩子是否健康、开心，是否感受到被爱，而不是关注外在的事物。

**父母的关爱，是孩子勇于直面未来、战胜不确定性最长足的底气。**

# 内驱力的核心二：培养孩子的能力感

说完关爱感，下面我们来谈一谈什么是能力感。能力感是一个非常容易造成误解的概念。有的家长可能会认为能力感就是孩子有能力，其实不然，能力感指的是孩子在主观上是否觉得自己有能力，就像之前我们讨论过的，影响一个孩子学习效果最核心的因素是自我评估。有的孩子的能力可能弱一点，但他有足够的自信，愿意尝试，失败了也不气馁，愿意继续再来，这个过程就体现出孩子具有较强的能力感。所以换个角度来讲，能力感也类似于我们经常说的“自信”。在这里，我们更加强调孩子的主观感受是如何影响自我认知，从而影响能量和能力的产生的，所以称之为“能力感”。

那么，没有能力感的孩子可能会出现什么样的情况和问题呢？就是很多家长经常提及的：“孩子不愿意思考，遇到难题就放弃。”比如，孩子一拿到作业题目，要么喜欢问家长，要么就去问同学抄作业、上网找答案，或者干脆不做了，等着老师讲。这就是典型的没有能力感，在做作业之前，不觉得自己有能力做出来，所以就不愿意去做。

很多家长问我："孩子现在的能力很差，怎么培养？"孩子能力差也有一部分原因是孩子没有能力感，能力感是能力的种子，所以能力感的缺失也影响了能力的培养和发展。

下面，我们来谈一谈父母要如何做，孩子才能具有能力感。

## 能力感形成的三个阶段

孩子能力感的形成可归纳为三个阶段。

### 第一阶段：态度转变

很多家长从孩子刚开始上学，就经常对孩子这样讲："你是在给自己学习，是在为自己的未来学习。"很多孩子听不懂也听不进去，他们还是会觉得是在为父母学习。为什么这么说？请回忆一下，当孩子第一次考试得满分或者第一次获得奖状的时候，他一定是第一时间想跟父母分享这个消息的，因为他会觉得自己给父母争光了，学习的目标实现了，就可以取悦父母，使他们满意。

所以，这个阶段的孩子能力感的来源是"爸爸妈妈觉得我行不行"。如果爸爸妈妈觉得行，孩子就愿意尝试；如果爸爸妈妈觉得不行，孩子就不再愿意去做。在我小的时候，因为比较高壮，家里的大人总是会说我的运动协调能力太差了，所以我小的时候就不运动。主要是不敢运动，因为我一跑步，别人就说我笨，说我协调能力差，所以后来我就越来越不爱运动了。直到长大后为了身体健康，我才去参加体育锻炼或去健身房健身，发现其实我的运动能力并不像自己想象的那么糟糕，甚至在一些方面还有过人之处。

所以说，在第一阶段，孩子的能力感与父母密切相关。当父母认为孩子有做某件事的能力时，孩子做这件事的态度就是积极的；如果父母觉得孩子不行，孩子做这件事情的态度就是消极的。但是在这个阶段，孩子的能力感波动是很剧烈的。因为这个阶段的孩子极其敏感，外界的任何一句鼓励或者批评的话，都可能让他对某件事的态度发生巨大的转变。

曾经在我的课堂上，有个上小学三年级的女孩，她做事的动作很慢，她的妈妈常常因此数落她。有一次在课堂上，我温和地对她说："咱们把这道题目快速完成好吗？"她用让我心疼的甚至带有一丝绝望的眼神望着我，说了一句让我十分难忘的话："老师，我妈妈说我是个很磨蹭的人。"

这个小姑娘在那一刻传递出的无力感和消极无助的态度，恰恰与能力感相反，让我非常难过，也很受触动，而这种无力感与父母传递给孩子的信念密切相关。

事实上，孩子在早期成长阶段表现出的一些行为或思想特征，也许孩子间相比有一定强弱，但是这些现象，大概率只是成长过程中发展早晚所带来的阶段性的特征表象。比如，有些孩子语言能力发展慢而数理思维强，有些孩子运动能力发展晚而艺术感知力强，有些孩子情感成熟晚但思辨意识强，等等。但是，随着时间的推移与孩子的成长，劣势一般会自然补足，而优势则可能会更优。

很多表象都是时间和成长的过程问题，而我们作为家长，切忌对孩子的弱势表现过早定性，并形成观念传递给孩子。这样只会阻碍孩子的自然生长，人为造成孩子的"无力感"。这种无力感远远比磨蹭、粗心等阶段性的弱势表现更有杀伤力，因为它长足地削弱了孩子的自信，使他固化了自己在某方面“无能”的自我概念，从而形成了对己对事消极的态度，自我妥协甚至自我放弃，甘于“磨蹭”“窝囊”“粗心大意”等。**相反，家长需要在孩子早期成长阶段，更多地关注孩子的优势表现而予以强化，帮助孩子培养能力感。这样能够帮助孩子建立“我可以”“我能”的自我积极概念，形成对己对事的积极态度，从而即使有劣势也会通过自己的努力积极补足和完善，也能为孩子的成长注入更持久的能量。**

## 第二阶段：习惯养成

在第一阶段，孩子的态度受到家长的影响并不断地波动和改变，在第二阶段，这些态度就会慢慢固化，并形成习惯。如果在第一阶段，孩子总是感到“爸爸妈妈觉得我行”，孩子就会养成“勇于尝试”的习惯。在这个阶段不断尝试的过程中，孩子的心态也许还会产生波动，但是已经不会像第一阶段那么剧烈了，也不会影响到他的底层自我态度，因为孩子会坚定地认为，“爸爸妈妈觉得我行，我就行”，那么“一次不行，再来一次”。习惯一旦养成，学习就成了孩子自己的事情。

这里，针对很多家长提到的“孩子学习态度不好”，跟大家多探讨一下。态度的本质是什么呢？我们见到自己喜欢的人，态度好吗？我们见到自己崇拜的偶像，态度好吗？我们见到在危难之际给过自己巨大帮助的人，态度好吗？一定是很好的。

那么，什么时候我们态度不好呢？见到欺负我们的人，见到挤对我们的人，见到总是欠债不还的人，我们的态度可能就没那么好了。**所以，态度的本质是情感。对于一个人、一件事有积极的情感，态度就会是好的；对于一个人、一件事有消极的情感，态度就会是不好的。**

当很多家长用说教的方式跟孩子说“端正你的学习态度”，这是不会奏效的，因为孩子的学习态度取决于他对学习的情感。如果孩子本身对学习没有情感，家长对孩子再一顿唠叨，只会使他更加心烦意乱，学习效果则是适得其反。而如果帮助孩子建立正向的情感，一旦情感丰富，他的学习态度就不会跑偏。

当态度积极后，养成习惯就是孩子自己的事情了。不同孩子的学习习惯是不一样的，比如有些孩子喜欢晚上熬夜学习，有些孩子喜欢早上早起学习……不同的孩子可能有读、背、抄、算不同的习惯与方法，这就好比我们在前一章讨论的，孩子有了能量就会转变成能力。同样，当孩子的学习态度积极了，自然就会养成好的学习习惯。

**第三阶段：成绩体现**

到了第三阶段，态度的培养与习惯的养成就会体现在成绩上了。在这一阶段，孩子的各方面表现趋于平稳。为什么我们日常所见，孩子到了初中、高中，越往后的阶段，成绩越定型？就是因为，如果前期培养了积极的态度和良好的习惯，孩子在这个阶段就拥有了真正的自信，相信自己真的能行。

后面，我也会讲讲我自己考上北大的过程是如何体现这三个阶段的规律的。

## 孩子缺乏能力感的两个原因

以上，是我们所说孩子能力感形成的三个阶段。那么反过来，如果一个孩子的能力感没有形成，他总是不自信，不愿意去探索，不愿意去尝试，又是什么环节出了问题呢？一般有两个比较常见的原因。

### 第一，家长的要求超出了孩子的能力

有些家长望子成龙，望女成凤，又极爱攀比，给孩子提出的要求超出了他们的年龄或阶段。如果孩子达不到家长的预期，家长就开始责备，甚至对比“别人家的孩子”。破坏能力感的一个典型行为，就是和别人家的孩子做比较，每一次的比较都是对孩子能力感强有力的打击。这种超越孩子实际能力的高要求和强打击，就是破坏孩子能力感的一大原因。

### 第二，老师或家长的教学方法不当

举个例子，小学三年级的应用题，家长一看就想到设未知数和列方程的解题办法，殊不知这超出了上小学三年级孩子的知识范畴。家长越着急，孩子越听不明白；孩子越听不明白，家长越着急。一开始的困惑升级为两个人的愤怒，最终演化成一场亲子冲突。在这个过程中，家长常常会说“我小时候怎么就没像你这么费劲”“你看 ×× 家的孩子怎么就不像你这样”……这种无限扩大、升级矛盾的言语，甚至把原本的解题问题进一步扩展到贪玩、贪吃、磨蹭、打游戏等其他问题上。结果无外乎三个：第一个是问题没有得到解决；第二个是破坏了亲子关系；第三个，也是最重要的，是孩子的自信遭受到极大打击。

## 能力感的培养

那么，基于能力感形成的阶段和未形成的原因，家长究竟该如何做才能帮助孩子培养能力感呢?

有一位明星妈妈的做法值得借鉴：

我女儿小的时候玩玩具，我发现很常见的积木她都不敢玩。我想，是不是因为积木太小了，她不好拿，摞不上去？于是，我就买大的、好摞的积木，但是她还是不玩，我就觉得很奇怪。后来，我观察才发现，原来是我把积木搭得太好了！我每次把积木搭得很高、很宏伟，她可能就想：我可搭不成这样，那我就不搭了，我就不碰它。意识到了这一点之后，我就开始尝试在搭的过程中特意搭歪了，或者“啪”的一下弄倒了。这时候，我女儿的眼睛会突然亮起来，“你也失误了，原来你也不行啊”。然后我就对她爸爸说，要在她面前表演一下失败是什么。她爸爸也是故意“啪”的一下把搭好的积木全推翻了，然后说“哎呀，全都白搭啦”，我女儿忽然变得很高兴。从此以后，她就很喜欢搭积木，也搭得很好。

这个故事很好地体现出了一个孩子如何“先获取能力感，再获得能力”的过程：孩子在一开始不搭积木的原因，是她没有能力感，她不相信自己有做这件事情的能力。而没有能力感的原因，是感到爸爸妈妈搭建积木的能力太强大了。所以在这个案例中，家长自己先做差，而孩子从父母的失败中获得了能力感和自信，后来孩子搭好了积木，就是获得了搭建积木的真实能力。这就是先有能力感，再获得能力的真实案例。

在刚才的案例中，我们能看到父母对孩子的要求会影响到孩子的能力感的形成。下面，我们再谈一谈，老师的教学方法不得当对孩子能力感的影响。让我们看一看下面这道简单的题目：

1 米 =（　　）厘米

上小学二、三年级的孩子经常会遇到这样的题目，虽然大多数孩子都能给出答案，但是答题时孩子头脑中出现的场景，才能真正反映出孩子学习数学的思维程度和水平。而这种思维能力的强与弱，跟老师的教学方法息息相关。

很多孩子回答这道题目时，头脑中浮现的是数学书上的公式，因为曾经背诵过，所以在答题时就会原封不动地填写上公式中的数字——1 米 =100 厘米。但是另外一部分孩子在答题时，头脑中浮现的是 1 米大概的长度和 1 厘米大概的长度，并在理解所学公式的基础上，填写上标准答案。虽然填写的答案相同，但是他们的理解方式和思维方式是完全不同的。

如果依靠纯粹机械背诵的方式回答问题，就会出现家长所说的“孩子这道题会做，换一道同一类型的题目却又不会了”的现象，因为孩子是背诵了一道题目的答案，而不是理解了解决问题的方法。当遇到其他题目，背会的答案用不上的时候，孩子就会产生挫败感，进而打击能力感。

如果一个孩子是靠理解来学习的，他就会思考和推断，不需要记忆所有的单位换算公式。在理解基础上进行记忆，才能够在不同场景中通过思考得出答案，这个过程就会增强孩子的能力感。当他下一次学习新知识的时候，过往的成功经验会给予他信心，让他知道虽然不同的题目答案不同，但是曾经的思考方式可以复制，从而提升面对新知识的能力感。所以教学方式的选择，对于孩子的能力感培养是非常重要的。

通过以上例子，我们可以总结出，培养孩子能力感的方式主要有三个。

### 第一，如你所是，而不是如我所愿

这句话适用于所有的父母和老师，要尊重孩子，而不是尊重自己的希望。像上面那位母亲就尊重孩子搭建积木的感受和兴趣，而不是怀着“我花钱买了积木，你就必须喜欢搭积木，并应该搭建好”的奢望去要求孩子。即便家长花费了时间和金钱，也不可苛求孩子一定要如家长所愿，而是要从孩子的喜好和感受出发。

### 第二，认可孩子各种各样的进步

在有些家长眼里，只有孩子的成绩提高了，孩子才是值得认可的。但成绩提高往往是家长认可孩子的结果，而不是理由，认可孩子就是要认可孩子各种各样的努力和进步。哪怕只是微小的变化，家长也要及时发现，并给予孩子及时的正向反馈和鼓励。

### 第三，专业老师的指导

如果老师的教学方法不专业，就会影响孩子习得知识的思维方式，就有可能出现死记硬背的现象。长久下来，孩子就会丧失举一反三的能力，出现“这次会了，下次又不会了”的情况，影响孩子的积极性和能力感。

最后，我们再次强调，能力感的重要性是远远大于能力的。因为能力感是种子，只有有了种子，才能结出能力的果实来。如果种子遭到了破坏和损毁，那就不可能生长出希望的果实。

能力感是孩子战胜不确定未来的动力。也就是说，当一个人面对新的挑战时，具有能力感的人会毫不惧怕，怀着一种“兵来将挡，水来土掩”的心态，积极思考问题并找寻解决的方法，这就是能力感。

# 内驱力的核心三：培养孩子的自主感

下面，我们再来谈一谈“三感”中的最后一感——自主感。

生活中的很多场景都涉及自主感。比如，孩子在做作业的过程中，不希望家长总是打扰，孩子觉得写作业是自己的事，不习惯家长干涉，这就是一种自主感的体现。长大之后，涉及大学专业的选择、伴侣的选择、工作的选择，这些其实都是体现自主感的场景。所以，自主感，用通俗的话来讲就是“自己的事情自己做主”的感受和需求。进一步来讲，自主感还包含“希望别人尊重我的自由”。也就是说，首先是拥有自由，可自主地选择自己想要做的事情，其次是别人能够尊重自己的自由。

想象一下自主感被破坏的典型场景：当一个青年面对就业、婚姻等人生大事的选择时，很多家庭都喜欢借着家庭聚餐的名义，把各路亲戚聚在一起，给孩子做参谋。

大姨说：“当医生好，以后好找工作！”

二舅说：“学计算机，以后是科技兴国，必须懂技术。”

三姑父说：“不行不行，还是要考公务员，为祖国做贡献！”

爸爸说：“还是学师范吧，毕业以后回家来当个老师，稳定好嫁。”

妈妈说：“妈也不懂，反正不能出国，也不能搞艺术。国外乱，艺术又不赚钱！”

在场的所有“专家顾问”都畅所欲言，为孩子的未来出谋划策。可是到头来，所有亲朋好友都发表了意见和观点，却没有人真正去聆听当事人自己的想法和观点，这就是破坏自主感的一个非常典型的场景。

当自主感落在学龄段孩子的学习问题上时，很多家长都会问这样一个问题：“为什么孩子不明白学习是自己的事？”

事实上，这个问题往往出在家长身上。有一次，我去看想要租的房子，进门后发现一个上小学一年级的小朋友在做作业，而他妈妈就在他背后站着看他。

家长们可以试着想一想，如果我们每天在电脑前工作的时候，领导就在背后盯着我们，我们会有何感想？我们会觉得自己自由吗？我们会觉得自己得到了应有的尊重吗？所以，如果一个孩子从上学开始，家长就这么盯着，一直到他小学毕业，甚至上初中、高中，那么孩子怎么可能会觉得学习是自己的事呢？

其实，每个孩子在一开始学习的时候都是把学习当作自己的事情的，但是当家长过度干预、参与孩子的学习时，孩子的自主感就会降低。久而久之，孩子会认为学习就是为父母完成的任务。出现“孩子不明白学习是自己的事”这种情况，都是因为老师和家长在教育的过程中，没有把学习的自由权交给孩子，没有把自主管理交给孩子。

当然，有的家长又会说：“老师，我们每天盯着，他都磨磨蹭蹭，不好好写。如果不盯着，那就更完蛋了。怎么可能会像你说的，孩子把学习当作自己的事儿！”这样的想法看似合理，但其实背后有着非常大的逻辑漏洞。在这种观点中，我们把“磨磨蹭蹭，效率低下”等同于“不觉得是自己的责任”。试想一个场景，我们吃完饭要刷碗，但是担负着刷碗“重任”的人很少有一吃完饭就立刻去刷碗的习惯，他总是要先休息一下。在休息的过程中，他会认为“刷碗不是我该干的”吗？并不是，他其实只是需要一点休息的时间而已。

这时，又会有家长说：“老师，如果你不盯着他，他能给你磨蹭到半夜！”那我们再想想，孩子磨蹭到半夜，睡不好觉，作业的质量还低下，谁的压力最大？当然是孩子了！他要面对的是家长的唠叨、老师的批评，甚至还有同学的嘲笑。那为什么损失这么严重，他还会选择磨蹭呢？一定是因为做作业给他带来的伤害更大啊！你想想，一个孩子宁可承受老师、家长、同学三方的压力，都不愿意承受做作业的压力，那做作业对他来说是多么恐怖的一件事啊！所以，出现这种情况，问题不是出在孩子磨蹭与否上，而是长久以来错误的教育方式已经把孩子的学习兴趣破坏得粉碎了。

面对这种情况，如果家长继续死死地盯着孩子做作业，那无异于在孩子的伤口上撒盐，往烈火中浇油啊！这也是我写这本书的目的，希望家长朋友们看完，能从家庭教育、能力教育、学科教育等多个角度入手，帮助孩子调整。

## 家长破坏孩子自主感的原因

下面，我们来探究一下，出现以上家长破坏孩子自主感的行为的根本原因到底是什么。让我们首先来纠正两个错误观念：

一、自主感是后天培养的；

二、家长严格要求久了，孩子就会养成好习惯。

首先，很多家长认为“自主感是后天培养的”。也就是说，孩子只有在上学之后，经过培养，才能明白学习是自己的事。其实不是的，自主感是天生的，所谓“生命诚可贵，爱情价更高。若为自由故，两者皆可抛”，我们每个人天生都希望追求自由，并能自己选择和决定自己的人生，小到吃什么饭、穿哪件衣服，大到大学学什么专业、做什么工作、选择什么样的配偶，所以自主感是与生俱来的。网上流行一句我特别反感的话：“毁掉一个孩子最好的方法，就是让他用自己喜欢的方式度过一生。”而我的观点恰恰相反，成全一个人最好的方法，不就是让他用喜欢的方式度过一生吗？我们好好回忆一下，当我们的父母支持、认可我们的理想和追求的时候，我们是多么幸福和快乐啊！而如果我们的理想和追求被父母通通否定，连谈婚论嫁父母都要强加安排，我们难道不觉得绝望和无助吗？

其次，很多家长会认为，“孩子不懂事，只有家长保持严格要求，他才会养成学习的好习惯”。这种观念其实也是错误的，因为我们会发现，家长要求越严格，孩子的自由选择空间就越狭小。当他感受到空间越狭小、越窒息的时候，就越不可能养成好习惯，反而是更有可能选择逃避或对抗。比如，有些孩子可能沉迷游戏以转移注意力，在学习上受到的管束和失去的自主，在游戏中得到了满足和补充，所以愈加沉迷。强压之下必有反抗，也有些孩子随着年龄的增长，不但没有养成好习惯，反而愈加叛逆、难以管教，甚至出现其他行为问题。

不同的孩子会出现不同的不适应表现，却没有养成我们家长希望的自觉意识和好习惯。这就好比植物，有很多人会赞扬石头缝里开出的花朵，认为其生命力顽强，认为这是逆境中成长出来的“英雄”。但是我想反问一句，是石头缝里开出的花朵更多、更美丽，还是拥有充足空间、阳光、水分的环境开出的花朵更多、更美丽？为什么我们不去看大多数美丽花朵的生长环境，非要盯着这些极其个别的案例去崇拜、迷恋呢？

## 自主感的三种类型

接下来，我们来看一看自主感的三种类型：假想的自主感、真实的自主感和被破坏的自主感。

### 假想的自主感

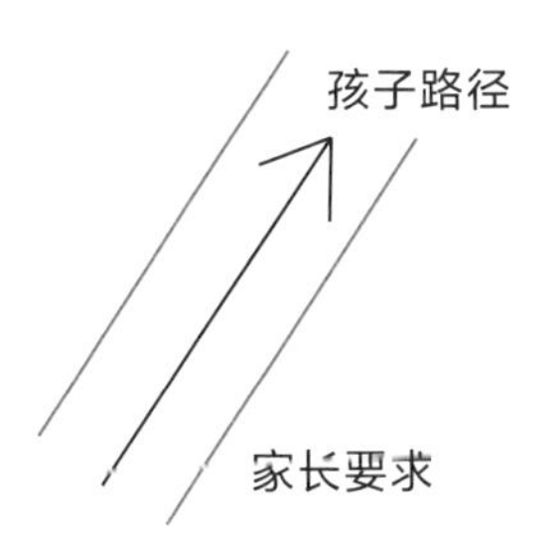


假想的成功路径

什么是假想的自主感？很多家长甚至老师都会有一种误解，认为优秀的孩子一定从小就非常优秀，因此对孩子的要求非常严格。我们按照我们以为和希望的成长路径，来规定和限制孩子的成长轨迹和成长空间，希望他“直线生长”，而不给他自由尝试、自由探索的空间。这种为了避免旁逸斜出，避免孩子犯错误、走弯路，从而通过规定和限制、挤压孩子的成长空间的畸形教育方式，会让孩子充满窒息感。事实上，再优秀的孩子，在自主成长的过程中，也是会犯错误的，这并不违背孩子自主成长的自然规律。因此，家长强行赋予孩子成长轨迹并强制要求孩子“直线生长”的外在强迫性自主，就是一种虚假的自主感，是孩子无可奈何、没有选择的选择。附带而来的，不是惰性顺从，就是消极逃避，更有可能是叛逆、反抗。

### 真实的自主感

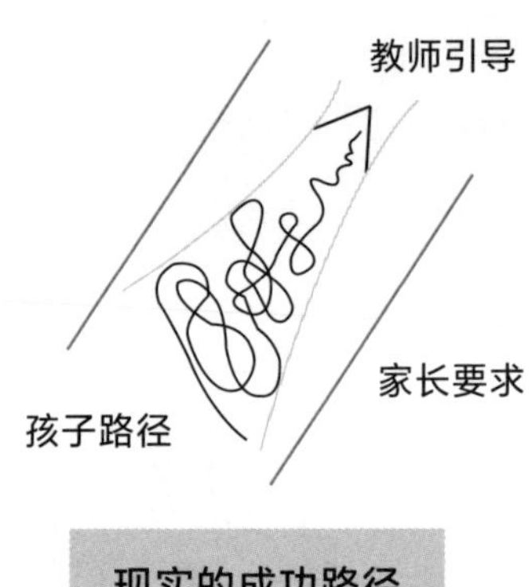


现实的成功路径

真实的自主感是从哪里来的？首先我们要明白，大多数孩子的自然成长都是在混沌中的曲线成长，再杰出的人，其成长路径也不是像我们以为或希望的那样笔直向上的，都要经过成长的混乱与波折。在这个自然成长的过程中，家长的要求可以宽松一些，留给孩子更大的空间，让他在成长的路途中，不断学会自主把握方向与速度。就像开车一样，教练引领再多，如果不松开方向盘和油门让学员自己把握，学员就永远也不会甚至不敢开车上路。而只有在初期提供宽广的道路，给学员安全的环境，而不是剥夺他手中的驾驶权，才能帮助他真正学会自主驾驶。在人生的道路上，孩子会不断认知到错误与正确，适合与不适合的方向轨迹，从而认识到哪些行为是正确的、哪些行为是错误的，哪些行为是需要保留的、哪些行为是需要杜绝的。孩子的内在主观世界会与外在客观世界不断碰撞，最后留下的既有教训也有经验。凭借这些，他就能找到正确的方向，并自我驱动，这才是真实的自主感。

## 被破坏的自主感

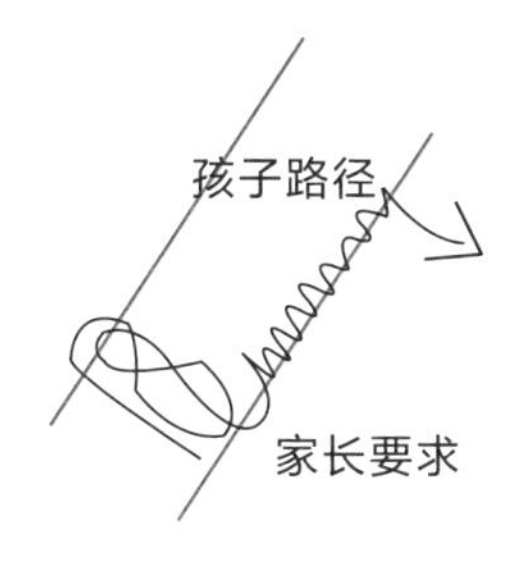


被破坏的成长路径

然而，不幸的是，在现实生活中，我们常常见到的是被破坏的自主感。当家长给孩子规定的成长路径和空间小于孩子自然成长需要的空间时，孩子的成长天性就会不断与家长的规定和限制碰撞。碰壁几次之后，孩子遭受了批评、打击，便会逐渐失去自主动力，变得非常有惰性。这就是很多家长所说的“我的孩子非常不自觉，我催一下，他动一下，我要不管，他就不动”。在这种状态下，孩子没有内驱力，从而没有自觉性和主动性，像提线木偶一样麻木、被动、消极、顺从，家长要求做什么，他就做什么。最后，有些孩子看起来很听话、很乖，却习惯性地失去了自己的想法与积极主动性。

有些孩子，压抑得久了就会想逃离，最典型的就是孩子青春期时的表现，“不在沉默中爆发，就在沉默中灭亡”。在沉默中爆发的孩子，在青春期身体成长为近成年人水平后，就跟父母公开对抗，亲子矛盾激化爆发；

在沉默中灭亡的孩子，则在青春期拒绝与父母沟通交流，甚至隔绝封闭，亲子关系在沉默中几乎灭亡。事实上，好的教育会帮助孩子在青春期平稳过渡，而控制压抑的教育，则在一定程度上导致了青春期叛逆的爆发与成长的震荡。

## 如何培养真实的自主感

孩子缺乏自主感，究竟是如何造成的呢？

——家长对清规戒律的崇拜，远远大于对孩子感受的尊重，从而进行了过多干涉。

这与之前讲到的关爱感有点类似。清规戒律，就是我们说的“要求”，比如作业做得是否认真、考试成绩是否优秀、学习习惯是否良好等。虽然这些事情对孩子来讲非常重要，但并不是最重要的，因为这些清规戒律应该排在第二位，而孩子作为一个“人”的感受才应该永远排在第一位。当我们眼中只有清规戒律，只有孩子应该做什么、不应该做什么的时候，就忽略了孩子的感受，从而对他们有过多的干涉。这就导致了我们所说的，孩子被逼迫得过于紧张、压力大，并没有出现家长们希望的一帆风顺，而是总想着冲破桎梏。

那么，应该怎么培养孩子的自主感呢？我提供两个观点。

### 第一，别总是让孩子“听话”，而是要多听听孩子的心里话

很多家长总喜欢把“听话”挂在嘴边，“听话，乖”“孩子，你听点话吧”“你看你怎么这么不听话啊”，其实“听话”这个词背后体现着家长对孩子的控制欲，总是想让孩子按照自己的意愿做事。

一位父亲在端午节那天带孩子出去玩了一圈，回来后，父亲让孩子把当天的经历写一篇日记。孩子不愿意，父亲进一步劝说“你就把你心里的话写出来嘛”。这时候，孩子说：“我心里的话，写出来也没有用，也没人听，也没有人在意。”这位父亲听到这些，先是一愣神，不过他并没有批评孩子，而是觉得事情有点不对劲，便问孩子：“你都没有讲过心里话，怎么会有这种感觉呢？”这个问题打开了孩子倾诉的窗口，孩子说：“早上出门时，我说我不冷，你跟妈妈非要让我加上一件外套。晚上吃饭时，我吃了十来个饺子，已经吃饱了，你跟妈妈还是说我在长身体，非要强迫我再吃两个。”

这种情形在我们日常生活中很常见，虽然家长觉得是为了孩子好，但这种情况我们也需要反思。很多时候，其实孩子已经学会了为自己做选择，早就有了打点自己生活的自主性。这个时候，如果我们还要把大人的意愿强加于他，那势必会严重破坏孩子的自主感。他会认为自己的想法不会被大人尊重，久而久之就放弃了与大人沟通。而如果家长在这个时候采纳了孩子的想法，即便孩子按照自己的想法行事，吃了亏、碰了壁，下次他就会更加慎重地做出选择和客观理性地评估家长及外界的意见，而不会一味任性。这不是能更好地帮助孩子塑造自主性，也帮助我们建设更健康的亲子关系吗？所以，为什么我们总要让孩子听话，而不可以多听一听孩子说话呢？

### 第二，“不管黑猫白猫，抓到老鼠就是好猫”

有些家长来问我：“我的孩子经常在做作业的时候听音乐，你说这样是

不是会分散注意力？”

孩子做作业时听音乐这件事情困扰了很多家长，大家普遍觉得听音乐会影响孩子的注意力，让学习效果下降。其实，我小时候学习也听音乐，尤其是在做抄写等比较简单的作业时，会觉得音乐可以陪伴我更舒适地完成这些枯燥的作业。而当破解难题的时候，如果我觉得音乐干扰了我的思路，就把它关闭。

所以，我一直觉得是否听音乐不是问题的核心，问题的核心还是孩子对学习的感受。如果孩子是具备学科情感的，那么无论是音乐还是电视，只要是影响他学习的事物，他都会努力屏蔽，因为学习在他那里具有最高优先级。而如果孩子的学科情感已经被破坏，即便我们成功地说服或者管教孩子关掉音乐，他也不会把注意力放在学习上。

在这种情况下，如果我们不把注意力放在提升孩子的学科情感上，而依然一味地指责他听音乐的行为，他的学科情感会进一步被破坏。这也是家长一干涉孩子学习，孩子就不耐烦的原因。如果我们的干涉没有帮孩子解决问题，反而增添了他的烦恼，就会让他产生抵触心理。因此请相信，孩子不傻，他有自己的控制和决断，做作业时听不听音乐不重要，重要的是他对学习有没有情感，家长的教育是不是真正在帮孩子解决问题，家长有没有尊重孩子选择的学习方法，有没有保护他的自主感。

再和大家分享我学生的一个故事。

有一天，一位家长给我发来他上小学四年级的儿子上我网课的照片。孩子一边听课，一边戴着一个夸张的面具。这样的行为可能会遭到绝大部分家长的禁止，甚至批评。但是，我要告诉你，这个孩子在以前根本不愿意上数学课，甚至因为妈妈给他找数学老师、买数学练习册大发雷霆，但是遇到我以后，一方面是数学课勾起了孩子的兴趣，另一方面是家长愿意采纳我的一些教育建议，帮助孩子调整，孩子不再像以前那样抵触数学了。而且，他戴着面具听课，妈妈也不制止他了，还把他听课的照片发给我，配了一句话："搞笑男是这样上课的。"

妈妈能有这种认知的转变，其实是孩子的幸运。我们试想一下，如果这个妈妈这时候像大多数家长一样，在孩子戴着面具开心听课的时候，突然不耐烦地制止："上课就要有个上课的样子！你这样怎么能听好课！你看看你们班的张大胖，人家听课多认真！再看看你，数学已经落后了，还这样吊儿郎当地听课……"听到这些话，你觉得刚刚重拾数学兴趣的孩子还会愿意继续学习吗？

有的家长可能又会说："戴面具不透气，不舒服也不健康。不管管他的话，一会儿他就难受了！"但是大家有没有想过，戴着面具是否难受，谁有最高的话语权？是没戴面具的我们，还是戴着面具的孩子？肯定是孩子自己啊！所以，如果这个面具真的会影响呼吸，让他难受，那么孩子一定会摘下来的。

这个案例很好地说明了对孩子感受的尊重，比迷恋清规戒律重要得多！所以，父母还权给孩子才能让他有自主感。

最后，我想再次强调：

第一，自主感是与生俱来的，每个人来到世界上的第一天，就希望自己是自由的，并且希望自己的自由得到尊重；

第二，自主感需要宽松的家庭氛围来保护，因为只有宽松的家庭氛围才能让自由得到尊重，而不是让人感到被入侵。

自主感是孩子战胜不确定未来的福气。之所以说它是福气，是因为自主感明明是我们与生俱来的一种感受，但是我目睹了太多家长和老师，用错误的教育方法，亲手毁掉了孩子的自主感。所以能够遇到保护孩子自主感的家长，真的是孩子一生的福气。

以上，我们讲完了“三感”——关爱感、能力感、自主感，它们是内驱力底层能量的来源。相信各位家长能够感受到，在一个人未来的生活中，不确定性要远远大于确定性。我们当中，没有一个人在二十年前就能想到自己今天的状态。教育不是要给予孩子更多的“确定”——比如一件好衣服、一个好学校、一套学区房，这些确定的事物固然很好，但并不是不可或缺的。因为人更需要去面对那些“不确定性”，所以教育是要帮助孩子去迎接“不确定性”的挑战。在教育的世界里，孩子如果是国王的话，家长和老师只是宰相，我们应该尊重国王的理想，助力国王实现宏图伟业。但现在很多时候却反过来了，家长把自己当成了国王，去指挥孩子完成家长自己的理想，这是错误的。

我们不应该“望子成龙，望女成凤”，而应该“助子成龙，助女成凤”。

# 2

# 如何让孩子习惯“动脑筋”

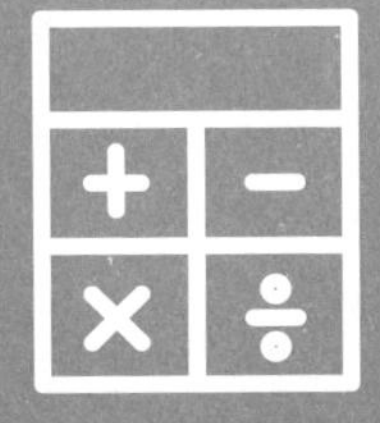

# 低龄阶段“三步法”：数学学习的底层逻辑

低龄阶段大致是指幼儿园大班到一年级的阶段，这个阶段的孩子刚开始接触学科知识。

曾经有一位家长向我抱怨，说孩子听得懂：

$$\begin{aligned} &23-5\\ =&23-3-2\\ =&20-2\\ =&18 \end{aligned}$$

但是不会算“34-7”等于多少。

一般的家长或老师碰到这种情况，经常会有两种反应。第一种反应是情绪上的，比较激动、着急：“你这不是学会了嘛，怎么换了一道题就不会了呢？”第二种反应是困惑，家长怎么也想不通，相同的题型，相同的方法，为什么数字一变，孩子就不会了呢？

其实原因很简单，因为孩子听懂的是“算式”，但是他没有学会背后的思维模式，不懂背后的原理。这样的经历本身对孩子的能力感就造成了破坏，因为孩子听完23-5的做法，可能觉得自己听懂了、学会了，结果遇到另一个问题，发现自己依然束手无策，这样的矛盾和落差会让他对自己能力的认知产生怀疑。这个时候，如果家长没有冷静地分析背后的原因，而是激动地对孩子进行情绪的宣泄，这样无法帮助孩子学会解决问题的方法，反而还破坏了孩子的关爱感，无异于在伤口上撒盐。

## 什么是“三步法”

面对这种情况，我们应该怎么做呢？

我总结了一套方法论，叫作“三步法”：先给予尊重，再探究规律，后总结结论。

我在前面提到过，影响孩子学习能力的要素，最重要的就是冰山模型底层的“三感”——关爱感、能力感和自主感。“先给予尊重”对应的就是给予关爱。家长在教育孩子时，经常会把自己的情绪发泄在孩子身上，比如“你怎么这么笨”“你压根儿就没认真听”。家长的反应已经脱离了题目本身，从做题转移到对孩子整体素养的评价上来。而这些不尊重的行为，其实是在破坏孩子的关爱感。**保护关爱感最好的方法，就是不要因为孩子的能力问题，去批评他的行为品质。**比如，“不会做题”这是典型的能力问题，而很多家长会批评孩子“态度不端正”。这样的教育方式根本无法解决问题，还会破坏亲子关系。

给予尊重，最重要的就是“让耳朵走在嘴巴前面”，即“先倾听，再讲解”。先听听孩子的思路，他为什么会做错，或者哪里没有想明白，然后再引导。讲到这里，总有家长会很激动地问我：“老师，我也是先问孩子的，但是他也说不明白，或者根本不愿意说！”其实看到家长说这句话那激动的样子，我基本上就能想象到他跟孩子说话时的样子。大概是这样的：“你说！你哪儿不懂？怎么这么简单的问题还没懂？上课没认真听吧？我就不信这么简单的知识点，老师上课不讲……”看到这儿，就不得不重提一下“三步法”第一步的关键词“尊重”了。尊重既表现在沟通的顺序上，“先听孩子说，然后再讲解”，又表现在沟通的态度上，我们要把孩子当作一个平等的人来看待，而不要仰仗着我们比他多活了一些时日，就用一种盛气凌人的语气去“帮助”他。

探究规律，是要激发孩子的主观能动性，让他学会思考。家长和老师在教孩子的过程中，经常会直接把公式或结论告诉孩子，并且简单、粗暴地让孩子记住，而不是一步一步带着孩子探索其中的逻辑关系，所以孩子就算记住了结论，也依然不会做题。

总结结论，就是帮孩子把问题背后的规律沉淀、总结下来。这里要澄清一个家长经常存在的误区：很多人有疑问——按照“三步法”这种方式来教育孩子，是不是就不让孩子记住定理和结论了？如果孩子每次考试都要从头探究一遍，那太浪费时间了！

其实不然。“三步法”并不是说什么都不用记，第三步的“总结结论”其实就是帮助孩子把结论掌握住，便于以后应用。但是，在让孩子记住结论之前，还需要完成前面两个重要的步骤。然而，目前低龄阶段教育中存在的一个重要问题，就是前面两步的缺失：孩子不理解，也就记不住；越记不住就越烦，越烦就越不愿意背；越不愿意背，家长就越强迫。因此陷入恶性循环，最终激化矛盾。

“给予尊重”是在给孩子的“三感”加分，让孩子感受到自己被关爱和被信任。当做题出现错误或者不会做的时候，孩子就能积极、客观地认识到是自己的能力还不够，能够坦然地寻求家长和老师的帮助，而不是进行自我否定。

“探究规律”是在帮助孩子养成思考的习惯，提升他解决问题的能力，而不是一遇到问题就退缩、放弃。当遇到新的问题时，他会想，“我以前在遇到不会的题目时，都是得到信任和支持的。现在我遇到新的问题，就按照之前的方式自己先思考一下”。如果经过思考取得突破，他就会获得解题的结论和经验。

“总结结论”是在帮助孩子养成复盘的习惯，不断总结问题、积累经验，他越来越有经验，就不会再犯曾经的错误。

很多人对应试教育有很深的误解，认为应试教育培养的是呆板的“书呆子”。其实从人才筛选层面来看，应试教育是相对公平的一种竞争和选拔机制。问题的根源不在于应试教育本身，正如上文所说，应试教育解决的是教育中的“筛选”环节，而“三步法”等教育方法解决的是教育中的“培养”环节，它们的阶段是不同的。所以在日常教育中，如果家长和老师忽略了前两步的尊重和探究，直接跳到第三步的总结，孩子往往就会被培养成为一个没有灵魂的做题机器、记忆机器。如果采用好的教育教学方法，我们不仅能提高孩子的应试分数，还可以提升他的综合能力，这才是教育的宝贵目标。

所以，问题不是出在应试教育模式本身，而是出在我们怎么去实施应试教育。“三步法”的第一步是在让孩子增加能量，第二步是将能量转化成能力，第三步是将能力沉淀下来。

比如，对于“23-5”这类题，我一般会用“三步法”引导孩子。

### 第一步：给予尊重

“23-5 很麻烦，如果让你自由选择，23 减几你觉得最舒服？”

大部分孩子的第一反应是减“0”最舒服。有的家长这个时候就着急上火，责备孩子：“你减 0 干什么！减 0 有啥用啊！”这样孩子的“三感”就会受到破坏，他感受不到关爱，能力感、自主感也遭到破坏：因为孩子想出来的答案很快就被否定了，破坏了能力感；孩子自我探究的结果也没有得到尊重，破坏了自主感。他心里会想，“我说啥我妈都会否定，我不能自己主导来完成，必须依靠我的妈妈或者老师”。这样的教育方式是有问题的。

所以，现在就是给予尊重的一个好机会。我会说：“你说得特别对，减 0 确实最舒服，但是如果要解这道题，减 0 就相当于啥事都没干呀。现在如果换一个数，你觉得哪个最舒服？”

### 第二步：探究规律

这个时候，孩子有可能会直接说 3，那么问题就解决了。也有的孩子会说 1、2，因为 23-1，23-2 没有退位。那接下来就需要我们引导了，让孩子依次试试看，会发现 23-3 正好能变成 20，完成了凑整。

接下来，可以举例来引导：“如果有 23 个鸡腿，你需要 5 个才能吃饱，现在吃了 3 个，还需要吃几个？”小朋友想想之后，会答道：“2 个。”

所以，最后的答案是 23-5=23-3-2=20-2=18。这个阶段就是引导孩子探究规律，而不是直接给出答案。

### 第三步：总结结论

探究出规律之后，得出结论：“以后再遇到 23-5 这种个位‘减不动’

的题目，先减成一个整十的数就好算了。那么，我们再来看看‘34-7’应该怎么算呢……”

这样一套流程下来，孩子就能真正理解这种解题方法背后的逻辑，也就具备了举一反三的能力，在下一次遇到同类题目的时候，就知道怎么解决了。

我们再来看另外一个“三步法”的优秀案例。曾经有一位爸爸给我发了一段视频，他的女儿刚上小学一年级，正在学 10 以内的加减法。课本上有两张图，画的是两个竹筐，一个筐里有 2 个桃子，另一个筐里有 3 个桃子，桃子下面还有一堆树叶，问题是计算总共有几个桃子。孩子不会做。

遇到这种情况，很多家长会很急躁：“这么简单的题都不会做！一边 2 个，一边 3 个，加起来就是 5 个桃子呗！怕不是我生了一个笨蛋吧！”结果越讲越火大，反而损害了孩子的“三感”。

但是这位爸爸做得很好，他先是问孩子：“你为什么不会做呀？”然后问她两张图中的桃子分别有几个，孩子都答对了。这时，爸爸就奇怪了。

“那你不是会吗？为什么不写出来呢？”

“可是爸爸，我不知道叶子下面还有没有桃子啊！”

注意了，这里又是一个关键的教育点，缺乏耐心的家长碰到这种情况，会批评孩子：“你就计算你看见的就行了，你管它叶子下面有没有桃子呢！你想那么多干吗！”

但是这位爸爸没这么说，他意识到平时带孩子逛超市或者采摘水果的时候，商家为了让水果看起来新鲜，是会放一些叶子在上面的。所以他还是耐心地引导孩子，开始了规律的探究：

“好，那你现在能不能告诉我，你现在看到的桃子总共有几个？”

“5 个。”

“答对了。你刚才这个想法特别对，叶子下面真的可能有东西。如果两边叶子下面各压着 1 个桃子，那么现在总共是几个？”

“7 个。”

“对。如果下面各压 2 个，总共是多少个呢？”

“9 个。”

“对，又答对了。那么我们来看一下，如果按照你刚才的那种思路的话，答案是不是就太多了？”

孩子开始明白，如果要考虑叶子下面的情况，这道题就没法算了。

这个时候，爸爸开始第三步“总结结论”：“所以啊，宝贝，生活当中确实可能出现叶子下面压着桃子的情况，但是如果它是数学题目，你只要计算你看到的就可以了。”

孩子立刻就理解了，以后再出现这种题目，她就不会再想那么多了。

有的家长可能会说：“解一道题费这么大劲，至于吗？”

这里需要注意的是，我们不要觉得在自己眼里很简单的题，在孩子看来也很简单。**成年人眼里的理所当然，都是孩子世界里的前所未见。**孩子遇到这种情况，就好比现在让一个门外汉去学习天体物理一样，都是全新的科目、全新的内容。而每一个思维清晰、活跃的孩子，都是这样一题一题积累出来的。

## “凑十法”可以如此有趣

在学习初期阶段，孩子的思维是发散的，天马行空，想的东西往往和题目没太多关系。“给予尊重”和“探索规律”其实就是在引导孩子学会收敛，把注意力和创造力集中在需要关注的事情上。在此基础上再去进行发散和延伸，才能有的放矢，高效地解决问题。也就是说，小朋友学习数学需要经过一番“生活中的发散—数学中的收敛—数学中的发散”的过程。

比如，很多学校在教小学一年级孩子“凑十法”的时候，会编一套顺口溜让孩子背。孩子把顺口溜背得滚瓜烂熟后，刚开始题目也都能做对，但这种方法给孩子灌输了一个错误的概念，让他认为要想学好数学，把顺口溜背好就行。但等到上二年级，开始出现大量复杂的应用题的时候，孩子就蒙了。

从二年级下学期开始，应用题就趋于复杂多变，靠顺口溜，孩子根本不能理解题目背后的数量关系。那些之前靠背顺口溜成功的孩子，本来以为自己已经掌握了数学的学习方法，这时却感受到了强烈的现实落差，这会给孩子的能力感带来巨大打击。

所以，正确的教学方法，一定从一开始就既要教会孩子知识，又要帮助他们形成正确的学习观念。例如，我在教孩子“凑十法”的时候，不会让孩子背诵顺口溜，而是会从“5+5=10”开始教起，因为5和10是我们生活中最常见的数量（一只手和两只手的手指数），孩子学习数学初期也习惯掰手指算数，这样便于直观地理解。

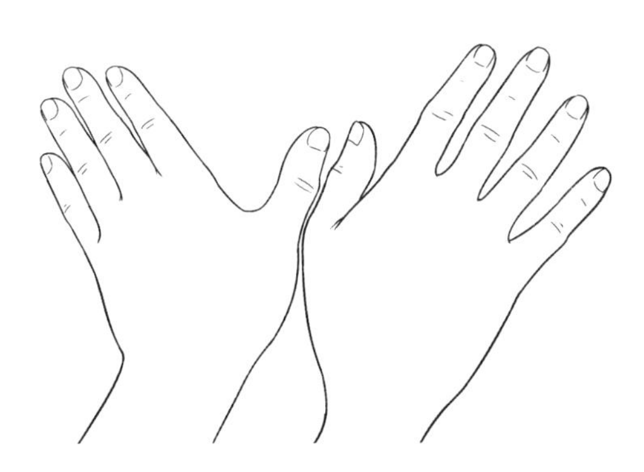

**4+6 示意图**

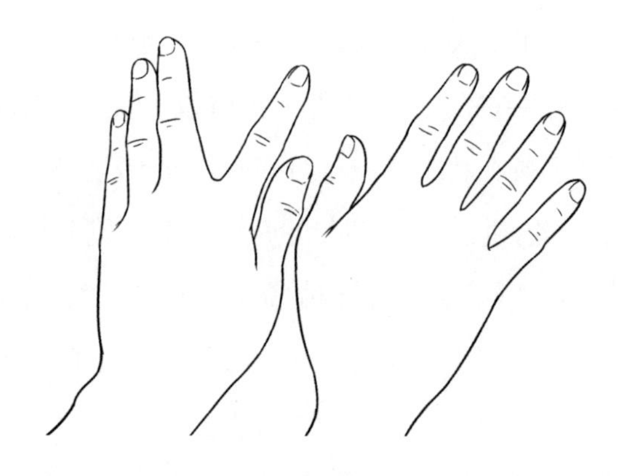

**3+7 示意图**

我会对孩子们说："伸开你们的双手，我们一起来看看。假设你右手的五根手指每天很开心（右手手指胡乱活动，表现出活跃的状态），就像在唱歌、跳舞。但左边的五根手指每天都不开心，死气沉沉，枯燥无聊。有一天，左手的大拇指受不了了，就叛变去了右手的阵营。这个时候，右边的阵营有几根手指？（6 根）左边还剩几根？（4 根）那么，全部加起来一共是几根？（10 根）第二天，左手的食指也受不了了，也叛变到了右边的阵营。现在右边阵营有几根手指？（7 根）左边阵营有几根手指？（3 根）一共是多少根？（10 根）……"

以此类推，孩子很快就能真正理解和掌握"凑十法"的原理，而不是通过死记硬背来做题。

我用掰手指的方法来讲解，是用孩子最容易理解的方式和他交流，这就是"给予尊重"。然后，通过变换手指阵营来帮助孩子探索其中的规律，最后得出结论。

如果孩子是通过这种方式来学习的，当下次再遇到凑十题目的时候，他的脑海里就会构建手指跳舞的场景。这才是真正掌握了学习的方法，这是死记硬背的孩子做不到的。让孩子理解性地记忆，才是一劳永逸的方法。

上述教学过程就是一个“发散—收敛—发散”的过程，用手指来讲故事就是发散，然后收敛到算式上，接下来还可以再发散出去。

这种题型可以发散出两点。

第一点，把手指分成活泼好动和沉闷枯燥两类，所以计算总数就是把两类不同的东西加起来，这就是数学的分类思维。在我们今后做题和生活中，计数之前往往都需要先把对象进行分类，所以借助“凑十法”可以给孩子植入“先分类，再凑数”的思维方式。

第二点，你可以引导孩子去发现，两边手指动来动去，不管左手给右手，还是右手给左手，它们的总和都是没有变化的，始终有 10 根手指。可以借这个机会告诉孩子一个很重要的数学结论：两个东西之间给来给去，不管怎么给，它们的总和都是不变的，概括起来就是“给来给去和不变”。这个知识点对于二年级下学期到五年级上学期的孩子来讲非常重要，很多应用题都会应用到。如果在一年级阶段，你就已经让孩子理解了，后面他在学习这类知识的时候，学习效率自然就高了。

以上，就是“三步法”的主要内容。总结成一句话就是：好的教育，一定是在给予孩子能量的基础之上，再去赋予他能力的提升，而不是让孩子靠一时的死记硬背表现得很厉害，但内在却没有任何思考能力的提升。

# 中、高年级“六步法”：轻松攻克难题

这里的中、高年级指的是小学的中、高年级，以衔接前文的小学低龄段的思考方法。有的家长可能会发问，那么到了初中、高中又该如何呢？其实所谓的“无师自通”，是指孩子如果能在小学低龄段养成“三步法”的思考习惯，到了小学中、高年级又能养成“六步法”的思考习惯，那么孩子学习的思维模式就已经稳定形成，会持续作用于初中、高中乃至未来更长久的学习生活。而上初中、高中学生的家长也可以用“六步法”来观察和监测——孩子在中学阶段如果仍未养成“六步法”的思考习惯，那么仍然可以以此为发力点重塑根基。

这就是我们之前讨论过的：在孩子小时候，如果大人的教育方法不对，孩子的学习方法不对，就欠下了债。债分两种，一种是情感债，一种是思维债。如果在孩子上了中学后，这笔债还没有还上，就只能在情感上或思维上去还这个债。当然，有的债好还，有的债可能一辈子都不好还。**总体来说，思维债比情感债好还，所以思维方式和思考方法的训练，什么时候**

做都为时未晚。

“六步法”可以展开为“思考力养成六步法”，它是在低龄段“三步法”的基础上进行的细化、延伸和拓展。这种延伸和拓展跟孩子的学习能力和学习习惯相关，小学一到三年级的低龄段孩子只能做到前三步，随着年龄与智力的增长，才逐步过渡到“六步法”。

这六步依次分为：看一看、想一想、试一试、说一说、记一记、准不准。

这六步，在孩子学习和解决具体问题的过程中是如何发挥作用的呢？

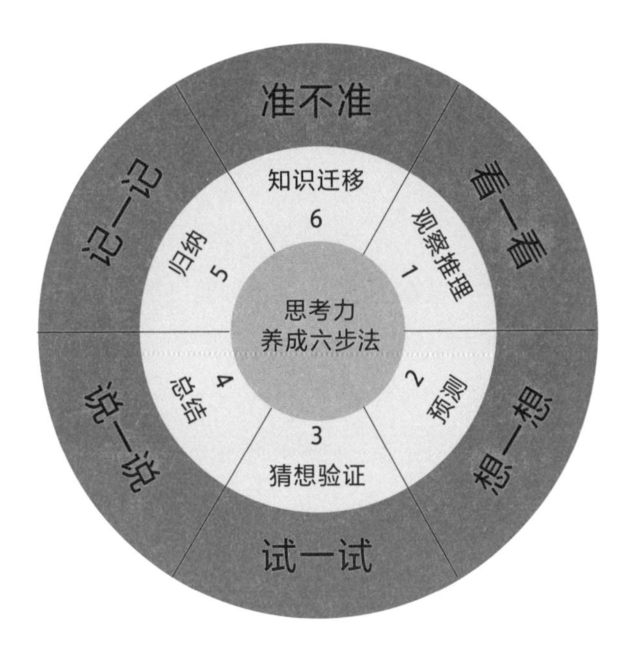


**第一步：“看一看”**

“看一看”，在解题过程中体现为审题能力。

很多家长都很苦恼于孩子不会审题，而给出的指令也无非是“你多读几遍题啊，审题再仔细、认真一点嘛”，但是反复几次后，家长会发现，说来说去，根本没用，为什么呢？因为在家长眼中，孩子审题不认真，往往是态度问题。既然是态度问题，那么提醒孩子调整好心态，孩子就能做到认真审题了。但事与愿违的真正原因是，审题错漏很可能并非认真与否的态度问题，而是可不可以的能力问题。因受限于能力，才会屡试不成。也就是说，孩子也知道审题要细心，但他已经很努力、很细心了，还是审错题。所以，问题就变成了：细心审题这件事落实到具体操作上，究竟应该怎么做、做到哪一步，才能真正提高审题能力？

在“看一看”的审题环节，我建议孩子把所有数学题都读两遍：第一遍通读问题，第二遍精读条件。

第一遍，通读问题。首先，要判断基本题型和要解决的核心问题。比如，究竟是算图形面积的问题、算行程的问题、算价格的问题、算利润的问题，还是算工程的问题……这一步，首先是调动知识库，和之前学习的相应知识做匹配和关联。其次是扫除认知障碍。什么叫“认知障碍”？在孩子的数学素养中，其中一种叫作“应用”。所谓的“认知障碍”，指的是数学应用于生活场景中跨学科的认知障碍。比如，应用题要求孩子算压路机压出的图形面积，那么孩子是否理解压路机压出的是长方形呢？所以在通读题目的时候，孩子应该识别并解决对于题目应用场景的认知障碍，以便后续解题。

第二遍，精读条件。精读的环节要重点突破，打一个比方，可以叫作“击穿防弹衣”。如果我们把每道题都想象成孩子要消灭的一个敌人，孩子遇到难题不会做，是题目每句话都看不懂吗？不是的。绝大多数时候，可能一道题目三行字，四个条件中有三个孩子都能理解运用，只有一个条件弄不明白，所以这一个条件就是敌人的要害，也就是敌人穿防弹衣的地方。

只要能击穿这个防弹衣，就能消灭这个敌人。

例如，应用题最重要的是把文字信息进行转化：三年级的和倍问题要转化成线段图，四年级的行程问题要转化成行程图，四、五年级的逆向思维题要转化成流程图等。把文字信息转化成图的信息，这是解决应用题最有效的方法。

几何题要在几何图形上标注已知量，把面积、边长等在图上标出来。因为解题时会紧盯着图思考问题，所以需要把所有信息转移到图上。

再如，巧算和竖式谜的题，要观察数字的关系。像“12×99”这个算式，12 可以看成 10+2，或者 99 可以看成 100-1。两个算式中如果有倍数关系，前面有 13，后面有 26，就要立刻发现倍数关系，以便用于巧算解题。

除此以外，在各类题型中，还要注意陷阱信息。最典型的陷阱信息是单位的换算，还有的陷阱信息是在问题设计上，例如有的题目，孩子计算过程设的未知数是时间，但最终问的是总路程，需要再计算一步。

精读题目后，就会发现所有题目的条件可以分成两类：一类是几乎不用思考就可以直接推算的；另一类就是题目的“防弹衣”——需要认真思考。这就进入了“六步法”的第二步——想一想。

**第二步：“想一想”**

这一步，怎么去想呢？首先，孩子在做作业、考试中遇到再难的问题，也不可能是超出知识范围的。小学三年级的考试题中，不可能出现高中的二面角；小学五年级的考试中，不可能出现大学的微积分。所以题目一定跟孩子学过的基础知识——概念或公式是相关的，那么“想一想”这一步就是孩子去思考这个问题如何和自己已有的知识进行关联，关联以后思考采用对应的什么方法。比如，看到倍数要想到画线段，看到“消耗多少，剩下多少”要想到还原图，看到植树问题，要想到树木数量和道路分段之间的关系，等等。然后把这些内容转化成数学语言。什么叫“数学语言”呢？比如，一打衬衫卖了一半，那就是 12 除以 2。也就是把题目中文字语言表达的数字、概念转换成数量、等式、公式等数学关系。接下来，就是尝试运用“想一想”想到的知识方法。

### 第三步：“试一试”

找到方法之后，接下来就是试一试。既然是尝试，就有可能成功，也有可能失败。成功了就顺利列算式解题，失败了怎么办呢？也没有关系，继续回过头去想一想，还想不出，就再回过头去看一看。这不就是我们说的思考的本质吗？——主观认知和客观世界的不断碰撞。为什么很多孩子不爱思考，因为他们要么是在“看一看”之后就不再“想一想”，要么是“试一试”试错了以后就不再“想一想”了。

孩子不愿意思考，其原因就是能力的缺失，而能力缺失的根源就是此前所讨论过的——能量不足。要么是因为他在之前探索的过程中遭受了外界的批评和指责，还有情感上的打击；要么就是没有人教给孩子正确的方法，他在失败太多次之后，钻研的斗志和驱动力被消磨了，内部成就动机也就丧失了。更有甚者，孩子做不出时内部动机受挫，家长还批评、打击，外部动机也丧失，双重打击，能量全无。孩子就变得非常消沉，以后一点也不愿意再思考了。所以，在孩子不断尝试思考的过程中，家长要给予孩子足够的关怀、鼓励、信任、认可，让他有信心去面对和战胜困难，这样才会使孩子能量充沛、能力强大。

当一个有探索精神的孩子通过自己的尝试，或者通过伙伴、家长、老师的协助，找出了解题思路和答案，孩子的思考精神与能力自然就得到了提升。接下来，不是解题结束，而是要到“说一说”的步骤。

### 第四步：“说一说”

“说一说”是什么呢？就是当孩子努力探索、尝试，做出了一道题之后，再把解题思路口头说出来，从头梳理并复述整个解题思路，这就是对题目反应、思路形成、思考速度和方法探究进行及时而有效的强化。

### 第五步：“记一记”

通过口头复述强化完以后，还要记笔记。记笔记的确是个好习惯，但如之前我们所说，好的习惯源于好的思考。如果没有前面这些步骤，家长每天只是不断地要求孩子记笔记，那么孩子即使想记都不知道记什么。而当前面的步骤一贯而通时，有时甚至不用提醒，孩子自己就会有意识、有意愿地记下珍贵的思考过程。

记笔记的时候有一个小技巧：记笔记不是为了美观，而是为了提醒备忘，所以笔记一定是简单而生动的，言简意赅——言语简单，意思明确。这在后文中会详细说明。

### 第六步：“准不准”

最后一步，叫作“准不准”。如果孩子从小遇到所有的难题，都能够按照上面的步骤去解决，就不会出现“这道题目会了，下次换一个场景又不会了”的情况。所以“准不准”，指的就是同类变形的题目，孩子是否具备举一反三的能力。

很多家长问过这样的问题：“孩子不具备举一反三的能力究竟是怎么回事？”前文其实已经隐藏了答案——孩子之所以不会举一反三，就是因为老师或家长在教育孩子的过程中，跳过了前面让孩子思考的过程，上来就直接到第五步——让孩子把解题竖式或结论记下来，但没有前面的探索思考，这样学习是完全没有用的。会抄书不代表会解题，只有加入前面几步的思考探索和整理，才是一个完整的学习通路。

这“六步法”概括起来，其实就是培养孩子的两大核心能力：**探索能力和总结能力**。

而所有的考试，归根结底，考的也正是这两种能力。

孩子在考试前做过的所有题目，做的所有准备，都是在提升总结能力。同时，只有总结能力不断提升，做练习题才有意义。因为在平时做题的时候，总结能力强，就能做一类题总结一类题的方法，做一类题总结一类题的经验。考场如战场，总结能力越强，上考场前积聚的弹药就越多。

总结能力所积聚的弹药，在考场上可以用来解决曾经见过的、熟悉的问题。但是我们知道，战场上不可能所有情形都在预料掌控之中，考场也一样。我们作为过来人都非常清楚，越是大型的考试，就越是会出现几个新型的、从来没有见过的题目，这种情况在近几年学生们的大型考试中更是越来越常见，为什么呢？因为考试还旨在考查孩子的另一项能力——探索能力。

探索能力指的是用以前学过的知识来解决新问题的能力。这项能力不可能等到考试的时候才去训练，如果孩子在平时遇到每一道难题，都能按照“六步法”去做，就可以养成思考的习惯，在考场上遇到以前没见过的题目才能有探索的能力和意识。

这里提到了一个非常重要的内容——习惯。我认为**习惯是需要靠有意识的训练才能形成的**，习惯，乃习性和惯性，习是习得，惯则是自然形成顺势延续，有如物理中的惯性。所以习惯的养成，既要符合自然规律顺势而为，又要有意识地去训练习得。而“六步法”正是在符合孩子认知与学习自然规律的前提下，帮助孩子不断训练养成有自主意识的思考习惯。这种能力要靠平时的日积月累，慢慢地获得。也就是在解题的过程中，坚持用“六步法”训练孩子的思维，并形成习惯。

这两种能力需要靠平时的不断训练和打磨，由此让孩子养成习惯，才能在考试的时候发挥作用。

很多家长总是搞不明白一件事：为什么别人家的孩子就热爱思考，遇到问题不害怕也不放弃，愿意迎难而上，而自己的孩子却是一遇到点困难就放弃呢？有时甚至不免感叹：“这孩子怎么就没生好呢？别人家孩子怎么就生得那么好呢？！”

其实，教育不是买彩票，孩子的习惯和个性也不全是天生如此，我们现在看到孩子不愿意思考的惰性，是因为他以前没有被训练，养成好的思考习惯。从一开始学习的时候，我们就没有按照好的方法步骤，去引导、训练孩子思考和学习，就像一个普通的汽车司机，如果从来没有经过刻意练习和训练，那么他也许可以上普通的公路驾驶，但是又怎么能期待他具备熟练地盘山过洞、高速回旋的过人本领呢？同样，如果我们不刻意引导孩子养成思考的习惯，那么孩子没有钻研探索的精神，小时候的简单题目尚能应付，越是到了高年级，孩子学习就越费劲的现象也就不难理解了。

# “科学探究七要素”：攻克高阶难题的方法

思考力养成“六步法”是我们根据孩子的学习与思考规律概括出来的，但它并不是空穴来风，其背后的理论依据来自“科学探究七要素”法则。这是科学探究领域一个非常成熟的理论法则，说的是世界上所有的科学探究都可以分为七个步骤：

一、提出问题；
二、猜想与假设；
三、设计实验与制订计划；
四、进行实验与收集证据；
五、分析与论证；
六、评估；
七、表达与交流。

当然，如果给小学生们直接讲解这七要素，是很难被理解的，但是其背后的探究逻辑，是同样适用于孩子的学业探究的。基于此，我将“科学探究七要素”法则进行了适应性调整，简化概括为学生版本的思考力养成“六步法”。其各个部分紧密对应：

“看一看”其实就是“提出问题”，对题目的条件进行观察筛选，发现问题；

“想一想”就是“猜想与假设”，在头脑中酝酿可能可采用的方法，如替换法、画图法等；

“试一试”对应的就是“设计实验与制订计划”与“进行实验和收集证据”两个步骤，每一次做数学题都像是在做数学实验，将头脑中想出的解法进行推演；

“说一说”“记一记”可类比“分析与论证”中的“分析”，将解题的思路进行梳理分析、概括总结，并形成方法笔记；

最后的“准不准”对应“分析与论证”中的“论证”，以及“评估”，看看由这道题目总结出的方法再用于同类型题目的时候还灵不灵。

七要素中的最后一个要素“表达与交流”，其实又可关联到“六步法”当中的“说一说”。说一说，既包括对解题思路的复盘、梳理、表达，也可包含孩子们之间的题目探讨、讲解与交流。真理越辩越明，讨论出真知。因此，我们也应该鼓励孩子将自己的思考过程和成果与伙伴进行交流分享。

### 例题演示

以上，我们讨论了“六步法”的理论依据，下面我们来举几个例子说明一下。

例题 1　填相邻自然数：(　　) + (　　) + (　　) =15（二、三年级）

这道题目会出现在很多二、三年级学生的作业或试卷中，孩子们一看到这道题目就有点蒙了。怎么办呢？下面我们按照“六步法”的思路来分步解决。

### 1. 看一看——通读断题型和精读识条件

先通读一遍，就可知这是一道加法凑数的题目。然后再精读一遍题目，进一步识别，题目中的约束条件是，必须填相邻的数，这也是题目中的难点条件。

### 2. 想一想——知识调取与方法搜寻

怎么能让相邻的数凑出 15 呢？调取关联的知识，相邻的数是连续几个相差 1 的自然数，头脑中可能立刻会浮现出“1，2，3；2，3，4；3，4，5；4，5，6”的数组，它们能否相加得出目标和 15 呢？

### 3. 试一试——基本探索：推演算式与解法

基本探索：1+2+3=6 ✕ → 2+3+4=9 ✕ → 3+4+5=12 ✕ → 4+5+6=15 ☑

在这个基本探索中，孩子通过简单的尝试，首先得到了这道题目的正确答案，这是尝试探索的第一个目的。这时候，会有家长提出疑问：“低龄段的题目数字简单，容易试出答案，可是高龄段的题目动辄三位数、四位数，难道也如此尝试吗？”答案当然是否定的，因而在此处，我们鼓励或带领孩子在完成基本探索解答出题目后，继续进入下一步探索。

### 4. 说一说——进阶探索：找寻规律与思路

进阶探索：

| 第一组 | | 第二组 | | 第三组 |
|---|---|---|---|---|
| 1+2+3=6 | | 2+2+2=6 | | 2×3=6 |
| 2+3+4=9 | → | 3+3+3=9 | → | 3×3=9 |
| 3+4+5=12 | | 4+4+4=12 | | 4×3=12 |
| 4+5+6=15 | | 5+5+5=15 | | 5×3=15 |

在上图中，第一组是孩子初级探索所列的算式。我们可以引导孩子进一步观察这些算式，能够发现哪些数量关系？这些算式，都是两头一大一小两个数，小的加 1，大的减 1，刚好都能变成中间的数，且总和不变，比如算式 1+2+3，开头的 1 和最后的 3 加起来，和 2+2 是相等的，所以 1+2+3 可以转换为算式 2+2+2，那也就等同于第三组中的三个 2。下面几行中，从左到右规律都一致。也就是说，三个相邻的数相加，就等同于三个中间的数相加，也就是中间数的 3 倍，如 1+2+3=2+2+2=2×3=6。

这样，就总结出一个规律：

**三个相邻的数相加，总和是中间加数的 3 倍。**

### 5. 记一记——记录结论、规律、方法

根据以上的探索与尝试，把所发现到的结论和规律记录下来，以便积累为自己的解题思路“弹药库”。

### 6. 准不准——验证规律与方法

基于刚才的例子，如果有 3 个相邻的自然数相加等于 99，那我们可以知道，这个和是中间数的 3 倍，那么中间数应该用 99 除以 3，也就是 33，前后两个数就是 32 和 34。我们用简单的题目学会了方法，再用方法去解决复杂的题目，这样就轻松很多了。

以上，才是一个科学合理的教育方法。带着孩子用他最熟悉、最能够理解的方式先算出一道题的答案，然后带着他去观察，看看其中有什么更深层的规律，把它归纳总结成结论记下来。这样，不管换成多么大的数，是几百还是几千，孩子都能利用所掌握的规律答对题目，因为这个规律是孩子自己探究出来的，当下成就感满满，长远则印象深刻。

反之，不合格的教育方法，就是省去前面所有尝试与探索的过程，直接抛出结论“3 个连续的数相加，总和等于中间数的 3 倍”，让孩子记住。孩子没有经过探究和推导的过程，也就不能理解数量关系，只是通过死记硬背储存了一个公式。当题目条件稍有变换，孩子储备的公式立刻就像过期食品一样干硬难以消化，活学活用就更不可能存在了。对比而言，你会觉得哪种教学方法对孩子的思维更有帮助呢?

如果说孩子只是记住结论而没有形成思考探究的思维习惯，那么下面一道题目，孩子就很难做出来了。

例题 2　请把 1，2，3，4，5，6 填写到圆圈内，确保每条线上的和是 9。

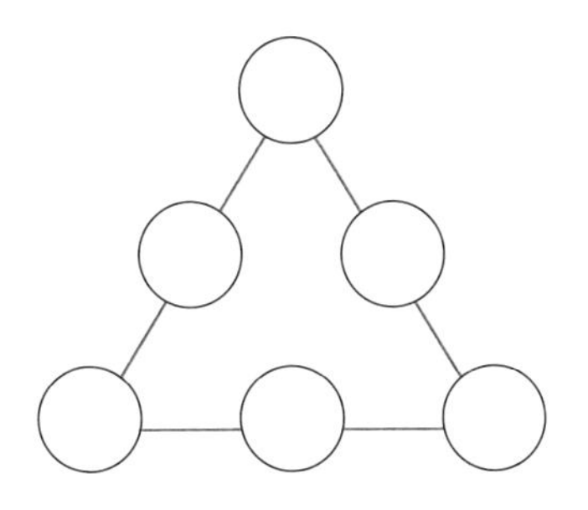

这道题目，从条件形式上看与刚才的题目完全不同，提问方法也丝毫不一样。因此，在习惯于死记硬背的孩子眼中，这道题目与上一题基本没有关联，是完全不同的两道题目。解题的时候完全调动不出之前记录背诵过的结论，甚至反而被这道题目花哨的形式和新颖的问法吓唬住了，知难而退！但此时，习惯于思考与探究的孩子，首先从他们的潜意识态度中，不会轻易放弃，而是秉承一贯尝试与探究的心态，着手新的尝试。尝试的过程可能是这样的：

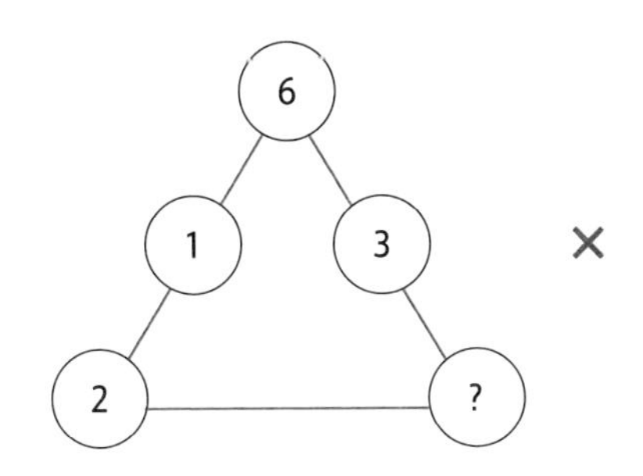


先在金字塔顶端试写一个数字 6，那么 6 只有跟 3 才能组成 9，所以三角形左侧边还可以写 1 和 2，但是右边两个圈就无法凑 3 了，所以肯定是不对的。

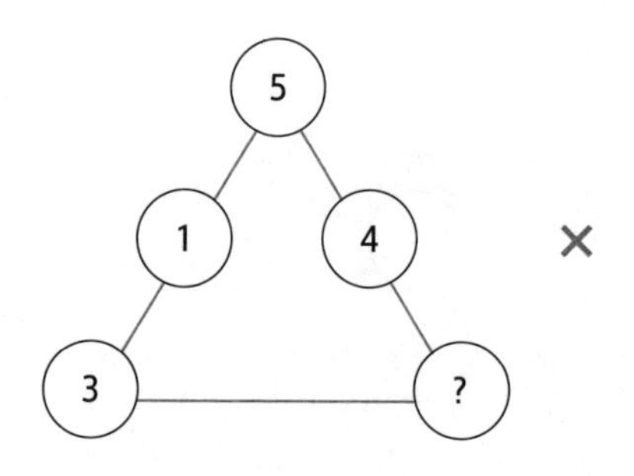


那么，金字塔顶端试写5，5只有跟4才能组成9，而4只有用1和3凑，所以可以在三角形左边写1和3，右边又无法凑出4了，还是不对。

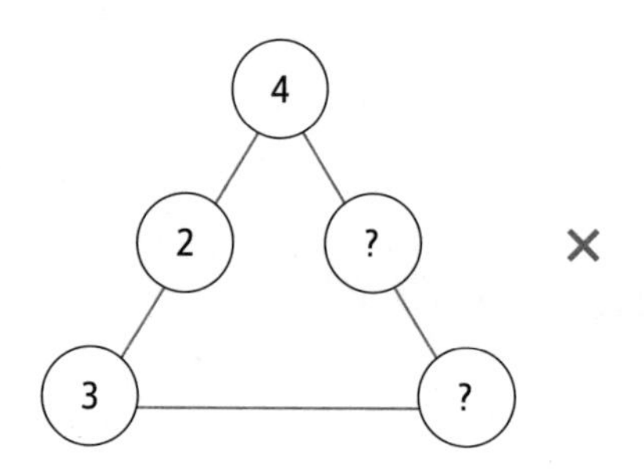


同样，可以继续尝试在金字塔顶端写4，4只能与5凑9，5只能用2和3凑，所以左边写2和3，右边就没法填了，仍然不对。

这时候，孩子在尝试的过程中发现，4，5，6不能放在三角形顶点，那么三个顶点就只能填写1，2，3。再加上每边的和都为9的条件，其他圆圈中的数，用9做减法完成。

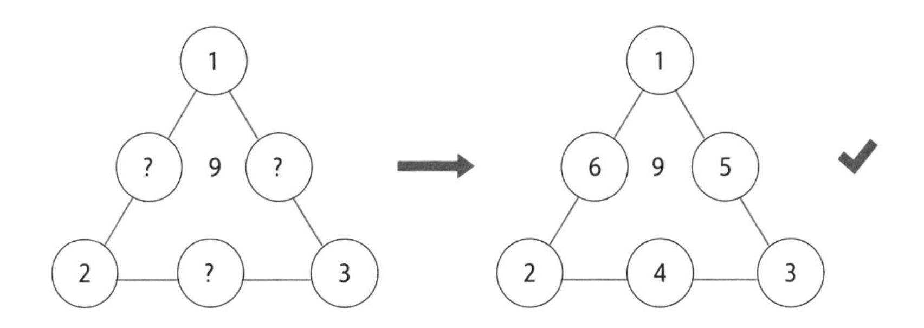


最后，就有了结论——做此类题目，先从顶点的数进行破解！

当然，有的老师会直接教孩子记住结论，诸如“当和是 $x$ 时，顶点可以放哪些数；当和是 $y$ 时，顶点可以放哪些数……”，甚至还有的老师会总结出更复杂的结论，诸如“线和……角和……总和……”，孩子听完直接蒙圈了。因为那是逆认知规律的学习方式，是大人把原本简单的实践结论总结成复杂的知识理论，再让孩子记住复杂的理论性结论。光是记住这些复杂的言语，就占据了孩子很多的认知空间，甚至造成认知压力，形成认知负担。古语有云，“授之以鱼不如授之以渔”，直接给鱼，多了反而消化不了，不如教渔，学会了必定再饿不着。当孩子有了尝试的勇气，养成了思考的习惯，自然就能不断突破学业的难题，这不正是达到了“无师自通”的状态吗？

例题 3　某学校给荣誉学生颁发一、二、三等奖，其中，一、二等奖占 3/8，二、三等奖占 7/8，请问，二等奖占所有奖项的几分之几？（三年级）

这是小学三年级学生刚学分数后会遇到的题目，和这道题目相关联的，后面还有一道六年级的数学题目。不同的教学方式，决定了孩子的早期学业能否为后期高年级的课业学习打下坚实、有效的基础。下面，我们就例题3进行演示。

### 1. 看一看——通读断题型和精读识条件

先通读一遍题目，可以确定这是一道分数计算的问题。然后精读，确定给定的条件只有两个分数，最终要求得出的是其中二等奖的颁奖占比。

### 2. 想一想——知识调取与方法搜寻

这时候，如果是在教学场景中，不同的老师会进行不同的引导，而我常常会教给学生的方法是：**不管我们在读几年级，只要是遇到分数应用题，都可以采用画线段图的方法。**

### 3. 试一试：基本探索——推演算式与解法

这里就鼓励学生采取画线段图的方法进行尝试和探索：

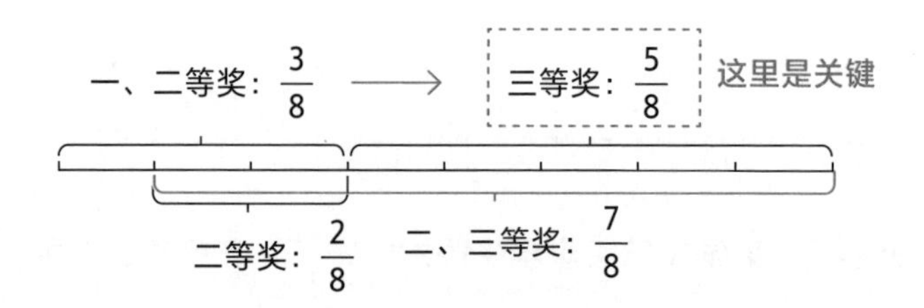


画出线段图后，我会渗透给学生们“**互补思想**”：题目给出“一、二等奖占比$\frac{3}{8}$”，很多人读到这里，难免会疑惑：“一、二等奖总数为$\frac{3}{8}$，但

各自是多少呢？”但如果我们具备互补思想，这时候就会把思路转移到另外的$\frac{5}{8}$上，也就是除去一、二等奖为$\frac{3}{8}$外，三等奖的占比为$1-\frac{3}{8}=\frac{5}{8}$。那么，接下来的问题就变得简单了。二、三等奖占比共为$\frac{7}{8}$，其中的$\frac{5}{8}$是三等奖，那么二等奖就是剩下的$\frac{2}{8}$了，算式和答案也就呼之欲出了。

弄清楚这个逻辑，列算式解题：$1-\frac{3}{8}=\frac{5}{8}$，$\frac{7}{8}-\frac{5}{8}=\frac{2}{8}$。所以，二等奖占$\frac{2}{8}=\frac{1}{4}$（完成约分）。

### 4. 说一说——进阶探索：找寻规律与思路

在这里，把刚才的解题思路进行复述与总结后，引导孩子发现并陈述“互补”的规律：在数学学习中，当已知整体的一部分时，我们需要快速反应出，剩余的部分是多少。像是我们有一个饼，吃了一半，就剩下另一半，吃了四分之一，就剩下四分之三，这就是互补思想。

### 5. 记一记——记录结论、规律、方法

这时候，孩子需要记录的结论和规律，就是这道题目中的“遇到分数画线段图”的方法和“互补思想”。或许孩子还会画个饼，将之一分为二，形象记录。言简意赅的符号化笔记，是非常高效的记笔记方法。

### 6. 准不准——验证规律与方法

在刚才这道三年级的题目中，孩子如果习得了互补思想，到了六年级，会遇到相关联的更复杂的问题：

例题 4 “36 名学生在教室里看书，男生占$\frac{4}{9}$，后来又来了几名男生。这时，男生占总人数的$\frac{9}{19}$。请问，后来究竟来了几名男生？”（六年级）

首先，看一看，通读完判断这仍然是一道分数应用题。其中根据条件“共 36 人，男生占$\frac{4}{9}$”，可以直接进一步推算：男生人数 $= 36 \times \frac{4}{9} = 16$（人），即男生有 16 人。

到这一步，如果一个孩子在低龄段的数学学习中，没有习得“互补思想”，那么到此可能就卡壳不会做了。但是，如果一个孩子从小在数学学习过程中训练了良好的思考习惯，他就会通过“想一想”关联调动出“互补思想”：学生总数 36 人，其中男生 16 人，那么剩下的不就是女生吗？于是，“试一试”列出算式：女生的人数 $=36-16=20$（人）①。

题目问题要求的是“又来了几名男生”。这说明，男生的人数发生了变化。在数学中，一旦一个量成为变量，问题就会变得复杂和困难。这道题中不变的量是女生的人数，因此就要锁定没变的量，也就是女生的人数保持不变。男生增加以后占总人数的$\frac{9}{19}$，同样利用“互补思想”，此时女生占总人数的比例为：$1-\frac{9}{19}=\frac{10}{19}$②。

①中得出女生 20 人，对应②中的$\frac{10}{19}$，最后的总人数就应为：$20 \div \frac{10}{19} = 38$（人）。

一开始总人数 36 人，来了几名男生后总人数 38 人，来了几名男生呢？显而易见，用最后的总人数减去一开始的总人数，后来增加的男生人数为：

38-36=2（人）。

例题 4 明显比刚才的例题 3 要难一些，但是我常常告诉学生们：数学的难题往往就是简单题目的堆叠。在例题 4 中，连续运用了“互补思想”，第一次利用“互补思想”计算出了女生的人数，然后又利用“互补思想”计算出了女生的占比。三年级的简单题目只运用一次“互补思想”即可，六年级的题目则用“互补思想”叠加破解难题。这样的例子在从小学到中学的数学学习中比比皆是，所有的难题都是简单题目的堆叠。孩子如果做不出难题，往往是因为孩子在低龄段解决简单问题的过程中，没有形成思考的惯性，没有积累**数学思想**，那么到了高年级，他就不易解决难题了。

所以数学的学习，就要在基础学习的过程中，通过每一类型简单题目的积累，形成基本方法与思路，这就是学习数学语言、发展数学思想的过程，也是“六步法”不断实践运用的过程。在简单题目中积累基本方法，再用基本方法解决更复杂的问题，继而从更复杂的问题中积累更高阶的方法、经验、技能、思想，再螺旋向上解决更加高阶的难题，这就是“六步法”习得的过程，也是孩子学习数学学科的成长过程。

# 成长色彩理论：让孩子拥有五彩缤纷的世界

为了让孩子养成爱思考、爱动脑筋的习惯，我们除了从孩子自身智力发展与思维发展的维度进行分析外，还需要从另一个维度来探讨，那就是家长的教育方式。我们在教育孩子的过程中，需要遵循一些重要的原理和理论，才能真正帮到孩子。

接下来，我介绍在陪伴孩子的过程中，我认为家长应当掌握的三种理论。这些理论有的是被验证的经典理论，有的则是我个人经验的总结和沉淀。

先介绍一下“成长色彩理论”。

大家在日常生活或者网络视频中，是否留意到幼儿的眼睛经常会盯着一样事物看，但是我们并不知他的小脑瓜里在想些什么，这种“发呆”其实就是孩子思考的状态。

其实，每个孩子刚来到这个世界上的时候，对这个世界的认知都是一片空白的，他什么也不知晓。同样，某件事物给他留下的印象以及他对这件事物的情感也是空白的，没有好坏、喜恶之分。

在孩子的成长过程中，他的大脑对外界刺激的不断感知，像一张白纸不断地画上不同的色彩。打个比方，某件事物给孩子的大脑留下了一个印记，就像在他成长的“白纸”上添了一笔颜色。一切积极的、正面的、向上的、愉快的体验及感知，就像红、黄、蓝、绿、紫等缤纷的色彩被画在纸上。反之，一切负面的、消极的、低落的、痛苦的体验和感知，则像浓重的黑灰色，被画在记录孩子成长的白纸上。

那么作为家长，我们问一问自己：孩子这张成长的白纸，我们希望它是色彩缤纷的，还是一片黑灰色呢？毋庸置疑，我们当然希望这是一张色彩缤纷的图纸，因为随着白纸被不断画上不同的色彩，不同的颜色之间就会相互融合、相互影响。

如果成长的白纸上彩色多，黑灰色少，那么整幅画面依然缤纷多彩。就像我们都知道，人生的道路上总是避免不了有困难与挫折，而一个积极、正面、愉快、向上的感知和体验多的孩子，在以后的人生中也将保有灿烂缤纷、积极向上的人生主色调，足够他抵挡未来漫长人生中可能遇到的阴暗与险阻。

可是反过来，如果画了太多黑灰色在成长的白纸上，一切其他色彩的光芒都将被吞噬。以前的颜色被吞噬，以后也很难再画上其他鲜艳的颜色……这不正像很多有着童年阴影的孩子，未来的人生主色调都是黑灰色的吗？那将是多么暗淡无光。成长的色彩理论很好地诠释了我们常常听到的一句话：幸福的人用童年治愈一生，而不幸的人用一生治愈童年，甚至可能都难以疗愈。

所以请记住，记录孩子童年成长的白纸上的颜色组合，将奠定孩子未来一生的色彩基调。

而这个色彩基调就是作用于孩子未来人生的抗逆力和终身成长力。我们虽然都希望孩子少走弯路，可事实上，每个人的人生都不可避免地要走过一些崎岖和泥泞的道路，所以与其用黑灰色调来绘制和限制孩子成长的路径，不如用缤纷的色彩拓宽孩子人生的边界、赋予孩子生长的能量。

迪士尼和皮克斯曾经合作过一部非常有名的动画片，叫作《头脑特工队》(*Inside Out*)。虽然是动画片，但是老少皆宜，非常值得推荐给家长朋友们观看。在这部电影中，小女孩莱莉在父母的呵护中长大，脑海里保存着很多美好和甜蜜的回忆。同时，这些回忆又与五种不同的情绪密切相关，分别是快乐、忧伤、愤怒、害怕、讨厌。在电影中，这五种情绪被艺术化为莱莉头脑中五个与主人素未谋面的小伙伴：乐乐、忧忧、怒怒、怕怕和厌厌。后来，莱莉因为爸爸的工作变动而搬到旧金山，狭窄而肮脏的公寓，陌生的校园环境，逐渐失落的友情，都让莱莉无所适从。小莱莉的负面情绪逐渐放大，内心的美好世界逐渐崩塌。为了挽救莱莉的内心世界，头脑中的情绪小伙伴开始协同作战，而乐乐始终作为队长，努力发起行动来保护莱莉的美好心灵。

这部电影非常直观地呈现了孩子的经历对其情绪和性格的影响过程，大家了解了成长的色彩理论后，有时间一定要看看这部电影，这会让我们对儿童心理认知与性格的形成过程有更加深刻的了解。在童话的世界里，快乐这种情绪能有自主意识，保护主人公莱莉的精神世界，而在现实世界，保护快乐心境与孩子内心世界的第一片天空的，正是为人父母的各位家长。

# 强化“正确”，明确“错误”

这是我自己总结的一个实用理论。解释这个理论之前，先讲两个我小时候的故事，分别关系着“正确”与“错误”。

第一个故事与“正确”有关：

上小学的时候，有一次，老师布置了一个体验生活的小作业，让学生回家帮助家长做一项家务。我回家吃完饭，想起这个作业，就积极主动地表示我要去洗刷当天的碗筷。得到了家里大人的同意后，我就撸起袖子开始洗碗。

当然了，一个第一次洗碗的孩子，尤其像我，从小有些粗笨，难免显得笨手笨脚。水龙头里的水哗哗直流，水溅得到处都是，我的衣袖甚至身上都被打湿了，但碗还是洗不干净。这时候，爸爸走过来——显然，父亲的粗心让他更关注洗碗本身，而没有注意到孩子此时的热情和积极性需要保护。他显得有些急躁地指责我说：“你看看，你洗个碗浪费了多少水啊，洗几个碗比别人洗一口锅用的水都多。”立刻，我感到扫兴和委屈，一时间竟有些不知所措。

过了一会儿，奶奶也来“视察工作”，看看我洗的怎么样了。她笑着对我说：“我孙子真厉害，做什么事都很认真，就连洗碗都这么认认真真，一丝不苟。”于是，我立刻觉得受到了很大的鼓舞，在奶奶的帮助下，我完成了当天的工作。

奶奶当时的话，绝不仅是一个老人对孙子的宠溺。相反，她是真诚地在表示赞赏，她赞赏的是我认真的态度和一丝不苟的精神，弱化了我在技能上的生疏。

爸爸和奶奶在这件事上给我的不同反馈，也以不同的作用力影响着我后续的行为——后来，爸爸有时也会让我帮着做点家务，我都会用一个万能的借口来拒绝：“爸，我今天的作业特别多。”于是，家务作罢。**这甚至不是我有意识的策略，而是在受过一次打击后一个孩子本能的回避行为和自我保护。**相反，在奶奶面前，别说洗碗，所有拖地、扫地等当时的我力所能及可分担的家务，在课业之外，我都非常愿意帮奶奶去做。不光去做，我还依然会非常认真地做，因为我知道，越认真，越是会得到奶奶的赞扬。同时，由于不断得到奶奶正向的反馈和鼓励，我也在不断强化自己认真的品质与各项能力，由此形成了一个正向反馈的循环。

在这个与“正确”有关的故事中，“正确”的是我做家务的初心与言行，也是我“认真”做一切事情的态度与品质，而奶奶的鼓励与表扬，则是对“正确”的强化。在心理学中，所谓的“强化”，就是通过某一事物增强某种行为，或者增强反应的频率。所以在孩子的成长与教育过程中，当积极正面的言行出现，即所谓的“正确”出现时，我们作为家长，务必给予孩子的是发现、认可、肯定、鼓励，这是最及时和有效的强化，帮助孩子在往后的时间，更能体现出相应的优势与品质。

那么，当孩子出现错误时，我们作为家长，是否也要及时实施惩罚呢？虽然在部分心理学派早期的实验中，证明了惩罚是可以通过厌恶性的刺激来减退行为出现的频率，但对于心理发育尤未成熟的儿童来讲，后来更多的教育研究与实验表明，**惩罚务必要慎用**，因为除了抑制行为之外，惩罚对于孩子的身心可能会产生不同程度的侵犯，也会形成孩子较低的自我评价，导致孩子不自爱、不自信，这都是长久难以消除的负面影响。那么，对于孩子成长中的“错误”言行，我们作为家长，又该如何应对呢？下面来讲第二个故事。

第二个故事与“错误”相关。

在刚才的故事中，父亲对我的影响不算太好，但是在下面这个故事中，父亲却给了我很大的帮助。

我上小学三四年级的时候，有段时间特别沉迷于游戏，甚至到了痴迷的程度。

一个星期天的下午，我揣着零花钱准备偷偷去游戏厅，但是又不敢说实话，于是出门前就一本正经地跟我父亲说：“爸，我打篮球去了！”等我到了游戏厅，玩得正起劲的时候，突然后面有人拍了我一下。我全部的注意力都集中在游戏上，下意识地说了句“等一下”。紧接着，我感觉肩膀被非常有力地拍了一下。于是我回头一看，竟然是父亲！我立刻放下手头的游戏，当时就吓傻了，至今印象仍然很深刻。我当时有种天塌下来的感觉，心想完蛋了，肯定要被父亲胖揍一顿了。

但是，父亲的表现格外出乎我的意料。首先，他在游戏厅那么多孩子面前，并没有让我难堪，只是重重地拍了我的肩膀领我出去。领我出去以后，父亲也并没有暴怒、打骂我，甚至没有任何训斥，先是问了我一个问题：“你的作业做完了没有？”我说：“做完了。”然后，父亲说了第二句话：“以后不要再撒谎了。”后来，父亲看我当时头发长了，还领着我去理了个发，因为那天是周末，第二天就要上学了，头发整齐一些更精神。这件“错误”的撒谎事件也就这么过去了。

后来，我问父亲：“如果那天我的作业没有做完，你会怎么办呢？”他想也没想，云淡风轻地说了句：“那就让你回家写作业呗。”

在这个故事里，父亲并没有对我的撒谎大加惩罚，只是用一句话“以后不要撒谎了”，让我铭记至今。现在想来，这背后的道理很简单，父亲在我的错误举止上，并没有像很多家长一样，充当一把戒尺，错了就责打、惩罚。相反，**他通过一句话，告诉我错在何处。这简单的一句话，却在帮助我垒砌自己小小世界观中的是非判断与行为准则——错不在打游戏，错在撒谎，而假装打篮球却偷偷带着钱到游戏厅打游戏，这就是撒谎。**同时，我还明白了，相比打游戏，父亲更在意我是否做完了作业、是否撒谎，所以在那以后，只要我的作业做完了，我就坦诚地跟父亲说：“爸，作业做完了，给我两块钱吧，我想去玩儿游戏。”如此一来，我完成了父亲在意的事，也改正了撒谎的错误。

在很多类似的故事中，很多家长对孩子这样的言行感到气愤，惩罚孩子的同时，也在宣泄着自己的气愤。**但在这些亲子交战中，很多信息是不明确的。**首先，孩子对错误的认知并不明确。很多孩子像我一样，在做不该做的事时有负罪感，但这只是源于对家长的畏惧，并不意味着孩子知道这是什么性质的错误。所以由于快乐天性的驱使，孩子还是会冒险为之，险也不过是父母的惩罚，而非孩子内心的准则。其次，家长对自己的愤怒也不明确，也许是对孩子学习成绩的不满，也许是对孩子撒谎的不满，也许是对孩子成绩不好还要打游戏的愤怒，也许还有自己当日的诸多生活烦恼，很多情绪交杂在一起，汇聚成一顿“雷霆之批”。**在这种信息不明确的惩罚与对弈中，孩子没有感受到父母真正在意的东西，而只感受到父母的愤怒与不满。同时，孩子也没有建立起对自己言谈举止的价值观与规范意**

识，而且外力越强，这种意识就越难建立。

所以，对于“错误”，家长要明确自己关注的究竟是什么。因为孩子的界限是家长给予的，如果在错误没有明确的前提下就贸然惩罚，孩子会永远也不明白正确是什么。这时，孩子的注意力就会跳转到如何逃避惩罚上，而不是如何去做正确的事。只要下次有可能逃过惩罚，孩子的天性就有可能让他再次尝试。所以，家长应该做的，是帮孩子“明确错误”、关注重点。如果孩子做出了错误的行为，家长首先要学会接纳。然后明确两点：一是明确需要关注的重点——自己生气与在意的事究竟是什么；二是让孩子明确自己错在何处。比如上面的例子，父亲不在乎我是打篮球还是玩游戏，他在意的是我在玩耍之前，我的作业是否完成了，还在意我是否诚实，这是需要关注的重点，而我错在撒谎。所以，要通过“明确”，帮助孩子建立自己内心的秩序，拥有自己的边界。

这就是强化“正确”，明确“错误”，其实质，关乎对孩子的欣赏与接纳的底层态度。所谓强化“正确”，这里的“正确”也包含着孩子的动机，即家长需要关注到孩子的行为出发点。像是前面第一个故事中，我去帮大人洗碗是希望尽一己之力分担家务，所以即使碗洗得不好，也需要鼓励与表扬。同时在具体操作中可以帮助孩子提高技能，优化行为。所以强化“正确”，是我们本着对孩子发自内心的欣赏的态度，去认可孩子的正确动机，鼓励孩子的正确言行，发扬孩子的正确品质；是通过发自内心的欣赏，让孩子把所有优势动机、优势行为与优势特质进行无边界的发挥和发展。而所谓明确“错误”，是我们本着对孩子“接纳”的心态，允许孩子犯错，并在孩子犯错之后让他知道应该关注与在意的重点是什么，由此在自己心中建立有边界的言谈举止乃至道德品质价值观。同时，家长在欣赏与接纳的同时，务必慎用“惩罚”，以免伤害孩子的身心与爱的能量。

# “三重脑”假说：理解孩子的情绪与缺陷

**有了以上两个实操理论，还有一些家长提出问题——道理都懂，可是一见到孩子做不好的时候，是真生气，根本控制不住地想发火。那么下面，我们来谈谈如何“制怒”的问题。要探讨这个问题，我们可以先对自己的大脑做一些基本了解。**

“三重脑”是脑科学领域的一个概念，它提出人的大脑可以分为三个功能区。

首先，第一个叫作“本能脑”，也叫“爬行动物脑”。顾名思义，就是指在爬行动物时期生物体就已经具备的一部分脑功能。本能脑的功能，可以使生物体在遭受外界刺激时，产生相应的感受与本能的反应，从而保护主体以应对环境中的潜在威胁与刺激。本能脑的功能延续至今，使我们人类仍然保有这种本能的条件反射与反馈机制。比如，当我们被烫到时会本能地退缩，遇到冷空气时会不由自主地哆嗦，遇到危险和刺激时身体会直立进入逃生或战斗状态，等等。

其次，当生物进化至古哺乳动物时期，哺乳动物的大脑进化发展，出现了情绪反应，所以大脑的第二个功能区叫“情绪脑”，也叫“古哺乳动物脑”，它是控制生物体产生喜怒哀乐各种情绪反应的大脑功能区域。不光是人类，所有的哺乳动物都具备这部分脑功能区。比如我们养的宠物小狗，它在开心、生气、悲伤的时候会有完全不同的表现和反应，很多电影、电视剧素材中也有很多对小动物本身情绪情感反应的描述。

最后，最高级的大脑功能，只出现在人类的大脑中，叫“理智脑”，也叫“新哺乳动物脑”。这指的是，除了感性的情绪情感反应之外，人类的大脑还能够进行理性的思考。

在了解了大脑及其功能区的基本功能及发展历史后，再回到“发怒”的问题。我们可以思考一下，“怒”与哪一重脑有关呢？当然，它产生于情绪脑。而“制怒”与哪一重脑有关呢？它则受控于理智脑。所以，当有人发怒的时候，我们会说诸如“等一会儿，先不要说了，冷静冷静，等恢复理智了再说”的话，来进行劝解。

相对于理智脑，人的情绪脑在生物发展历史中更早进化完成，所以在人的物理脑结构中也更加靠近中枢神经，更早地接收到外界刺激并做出反应。所以面对一切外界刺激，情绪脑都会优先于理智脑做出反应。当家长看到孩子的一些出格的行为举止时，总是会第一时间怒火中烧。这是正常的反应和状态，也非常符合生物体的天性特征。因此，家长大可不必为此自责。

了解了这“三重脑”之后，我们来探讨一个问题：为什么愤怒比制怒更容易？这是因为理智脑存在两大缺陷。

第一个缺陷是，理智脑成熟时间晚。一般情况下，人的本能脑是一出生的时候就具有并基本成熟的，情绪脑一般在青少年时期快速成长，所以我们会看到青春期的孩子，情绪色彩都比较鲜明，情感也都比较张扬、外放，而理智脑基本要等到成年以后才慢慢发展成熟。所以，人脑发育的特征，给了我们在教育孩子方面一个非常重要的启发——和孩子讲道理基本没用。相信很多家长已经深有感触，甚至常常有感而发："这孩子怎么这么不懂事啊！"事实上，孩子不懂事，正是孩子的天性，是大脑发育的自然规律。情绪脑先于理智脑成熟，而道理的理解则需要理性分析与权衡。只有理智脑相对成熟，才可能接收道理的说教。所以，给孩子讲道理很难讲得通。

当然，有些时候，也许家长会举出一些讲道理对孩子有用的例子。但事实上，往往在那些时候，奏效的不是道理，而是背后的耐心与关爱，或者是劝说驱动了孩子本身的另一重本能的动机。但大多数时候，孩子在童年与青少年时期，更多的是本能脑与情绪脑在发挥作用，所以他们对外界的反应是本能的。他们与外界的互动是情感驱动，而非理性驱动的。所以，教育更应该顺势而为，顺着天性做教育，尤其在孩子童年和少年时期，不要期望通过说教的方式来教育孩子，而是要通过更多的感情交流来引导孩子。

我们此前也曾说过，在亲子关系与家庭教育中，重要的是"三感"。"三感"并不是用理智面对孩子，而是要尊重孩子的主观感受。这就是理智脑的第一个缺陷给我们的教育启发——讲道理与说教无效，情感交流与情绪引导更加有效。

理智脑的第二个缺陷是——反应慢。理智脑只占据大脑 20% 的神经元。当人在受到外界刺激的时候，属于本能脑和情绪脑的那 80% 的神经元连接速度与神经信号传递速度更快，它们的工作机制更亢奋、更活跃、更敏锐。

出现“冲冠一怒”的情绪反应，就是我们会在一瞬间被刺激得“火冒三丈”的原理。

很多时候，我们无法控制自己的怒火，是因为我们的大脑一时间被情绪脑所产生的强大的愤怒情绪完全控制，甚至在情绪脑的作用下，愤怒还会愈演愈烈，怒火也会越烧越旺，而理智脑的一切判断与思考工作则完全停止。在这种情况下，甚至会出现可怕的“情绪失控”，并因此出现过激言行，事后又饱受后悔与自责的折磨，可下次却重蹈覆辙。这恐怕是很多家长已经意识到出现在自己教育与家庭生活中的一些状况。

对此，我们也听到过“愤怒的时候等三分钟，怒火或许就会平息”“愤怒的时候不要说话、不要做决策”等，但是更多时候，我们会发现，怒火中烧，不要说三分钟了，简直分毫难忍，于是乎还是爆发了。

总之，因为理智脑发育晚、反应慢，导致控制怒火比宣泄怒火难得多。

那么，面对难以克制的怒火，我们到底该怎么做呢？事实上，依据大脑的特质，可以利用有效的技巧来控制愤怒，而技巧的使用又可以不断练习使之纯熟。最终，通过操练，每个人的大脑都可以拥有遇事不怒的潜在控制力。下面，我们来看一看具体的办法。

**第一步，试着告诉自己“我生气了”。**这是大脑对愤怒情绪清醒的觉知和意识，它来自理智脑。在我们愤怒的时候，虽然冲动，但尚可觉察，也容易觉察。也就是说，**制怒的第一步，不是直接压制怒火，而是意识到自己愤怒了。这是控制愤怒的前提和基础，也远比直接控制愤怒更加简单和容易做到。**

**第二步，转移注意力“去做点别的事”。**这一步非常重要，也非常关键——当我们意识到自己愤怒时，不要妄图通过等待三分钟来平息怒火，因为怒火片刻即燃；也不要妄图与自己对话，克制、压抑自己的愤怒，因为 20% 神经元的理智脑此刻完全无法与 80% 神经元火力全开的情绪脑抗衡。此刻的我们就是“不懂事的孩子”，没有道理可讲，哪怕自己同自己讲。那么顺着这个思路想一想，当小孩子闹情绪的时候，大人们最常用也最奏效的方式是什么呢？是转移孩子的注意力！

比如，伤心哭泣的孩子很容易被糖果和玩具吸引，生气哭闹的孩子也许听到喜欢的动画片的声音就会被其情节吸引，立刻停止哭闹。**这在心理学与脑科学中，是一种非常有效的“阻断”办法。有效的原因是，这里的“阻断”，阻断的不是火力全开的情绪，而是诱发情绪产生的刺激。也就是说，我们通过一些新的刺激阻断了前一个刺激的瞬时作用力。这时，情绪脑中的神经元就会对新的刺激进行反应和工作，而不会集中于之前的刺激而怒火燃烧。**

**所以在意识到自己愤怒后，不必刻意压制和等待，也不必劝说自己息怒。四两拨千斤，稍微动用一点理智脑的意识与觉知，不与情绪对抗，而是快速抽离情景，转移注意力，去做点别的事，尤其是自己喜欢的事。我们会发现，也许观看一段有趣的视频，也许下楼买杯咖啡，也许一支烟的工夫，也许几句话的攀谈（与发怒事件无关），足以让瞬时的怒火逐渐平息。**

**第三步，回过头来，转念去想，换位思考，理性分析。**当我们通过意识到愤怒，转移注意力的前两步，帮助自己绕过了愤怒的峰值，那么事件其实已经较为平稳地过渡到了我们的理智脑中。没有了情绪脑挤压使理性思维变窄的状况，我们就可以充分发挥理智脑的作用来重新审视和解决问题。这时候，我们要学着做到“转念去想，换位思考，理性分析”。很多时候，一时的愤怒让我们的视角窄化，只站在自己的立场上感受刺激与愤怒，而失去了对事情全貌的认知。盛怒之下，难以为之，而当刺激已过，我们就需要提醒自己转个念头、变个视角、换个位置，重新去感知。比如很多时候，如果我们站在孩子的立场去思考和感知，会发现他的很多行为也有自己的出发点和原因。所以，愤怒后的换位思考能帮助我们更加理性地分析事件，看待和解决问题。

以上三个步骤，就是我们利用自己大脑的机制和原理，进行“制怒”的短期有效、长期进阶的解决办法。短期有效，是因为先觉察后转移。虽然也需要调动一些理智脑的力量，但是比起直接抑制愤怒，要更加顺从天性与脑特征，因而更加有效。长期进阶，是因为这种技巧的使用，通过不断练习与强化，久而久之作用于大脑，会让大脑习得一种冷静不易怒的刺激反应模式。

一方面，我们会对自己的“怒点”越来越了解和敏锐，从而在怒火爆发前，就前置性地采取措施，转移注意力平息怒火；另一方面，我们在事后不断提醒自己转念去想、换位思考、理性分析。那么，这种事后的理性认知也会越来越熟练和前置，甚至有可能在刺激产生、怒火爆发之前，我们就学会了转念一想、换位思考、理性看待，过滤掉了怒火。

在这个过程中，制怒的方式与大脑的机制相互作用，不管是情绪脑还是理智脑，都会在相应的模式中产生变化。我们在生活中，一定见过一些“天生”好脾气的人。他们不像“暴脾气”的人那样，遇事失去理智。相反，他们在受不良刺激、消极情况影响时，甚至在冲突事件中，依然维持理智，合理表达，优雅应对，反而更显得有力量。这就是因为在他们长期的反应模式中，情绪脑的“发怒”反应被不断冷却、钝化，理智脑的“思考”回路被不断强化，因此大脑逐渐习得了“遇到刺激，理性应对”的反应通路和模式。而脾气差一些的人，如果完全不加以控制，情绪脑的反应通路就会不断加强，而理智脑的思考工作会越来越滞后，从而逐渐形成

“极其易怒”，甚至“情绪失控”的刺激反应模式。

对于“易怒”的家长而言，按照以上三个步骤去有意识、有技巧地控制自己的怒火，意义更为重大。短期看，家长能在个别性事件中采用更好的处理方式。长期看：第一，提升了自己的情绪修养，在生活的方方面面都能更加理性自如地应对；第二，收获了更加稳固、坚定、强大而充满爱的亲子关系；第三，更长远的影响是，家长作为孩子在情绪管理与理性建设上最中心的榜样，极大程度地影响着孩子的情绪智力（俗称“情商”）。要知道，在亲子教养中，怒气与暴力的模仿与延续是极高概率事件。今天易怒的家长，势必教育出明天失控的孩子。而理性、平和的父母，才更可能把良好的教养传递给孩子。

所以，下次在作为家长的你发怒之前，请保有一点清醒的觉察，告诉自己“我生气了”，再用哪怕盛怒之下一点理智的余晖，让自己转移注意力“做点别的事”。直到情景切换，刺激已不会构成愤怒，平静下来，转念去想，换位思考，全面视角，理性分析，找到看待和解决问题的最佳方式。

在远古时期，本能与冲动可能让上古人类更好地应对环境的威胁，争取生存的时空。而人类的发展始终是向更高级的生存法则进化的，在这个过程中，既要管理天性，又要发展更高级的智慧以适应新的生存环境。那么在现代社会这样一个信息密集、联网互通的时代，相比于冲动的头脑，温柔和理性才是适应沟通和互通需要的重要素养。这就是我们控制愤怒，传递教养给下一代的最底层的逻辑。

总结一下：要想引导孩子养成思考的习惯与素养，不仅仅要从思维的层面，通过“三步法”和“六步法”来引导，还要从情感的建设与交流、情绪的管理与稳定性的培养等方面入手。不要给孩子留下负面的童年回忆，也不要打击孩子的积极性，更不要给孩子带来情感上的创伤。如此，在情感层面不伤害、不打击，积极交流感情、理性应对情绪，在思维层面应用“三步法”“六步法”的正确方法引导。这两方面合力作用，才能培养孩子的底层能量和能力。

# 抓住“黄金教育机会”：“白天”看见“鬼”

看到这儿，相信家长们对孩子的认知发展过程中大脑思考的运作规律已经有了相对清晰的了解。这个时候，我们再回过头来看身边常见的教育场景和案例，重新审视我们在教育孩子的过程中进行的一系列举措，可能就会发现很多此前没有留意过的蛛丝马迹，而这可能就是一些孩子一辈子都错失的“黄金教育机会”。

回归到具体场景中，当孩子遇到困难和难题时，一些家长选择去理解、去共情，科学地帮助和引导孩子。在这个过程中，孩子会思考解决难题的方法，为了解决难题积极主动接纳更多的知识，积累面对困难的经验，未来会成长为更好的样子，有勇气去面对更大的挑战。科学地引导会将困扰孩子的难题转变成一个增加孩子思考能力、促进孩子养成思考习惯的黄金机会。

而另一部分家长则采取了完全反向的态度，将孩子成长过程中遇到的正常问题放大化、妖魔化，导致孩子害怕困难，甚至为了逃避困难，做出极端行为。

前段时间，我在网上看到一个非常揪心的新闻。

视频中，一个小女孩因为成绩下滑，准备跳楼轻生。她坐在地上，把头埋进臂弯里，对身边人的劝告置若罔闻。在这样的危急时刻，消防员挺身而出把小女孩抱拉回来。

惊魂未定的母亲从消防员手里搂过女儿，对她哭嚷着："都是妈妈不对！妈妈打你，都是妈妈不对，妈妈给你道歉。听话，你听话……"

站在成年人的视角看这个新闻，会觉得小女孩仅仅因为成绩下滑就放弃生命，实在是太荒唐、幼稚了。

但是大家仔细想一想，女孩的母亲抱着死里逃生的女儿说了什么，又暴露了家庭教育中哪些值得思考的小细节？

母亲表达了对动手打孩子的后悔，而不是劝说孩子看轻成绩。这说明逼孩子轻生的不是成绩，而是妈妈的打骂。在表达后悔的同时，这位母亲不停地对女儿说："听话，你听话。"

在女儿面对着极大的难题，甚至不惜用轻生逃避困难，这样极端的状态下，母亲并没有去疏导她解决难题，而是不停地在说"听话，你听话"。

当然，这可能是母亲在情急之下失去了理智脱口而出的，但往往是在这样极端的环境中，我们才越有可能表露自己内心的真实想法。可以看出，这位母亲遵循的一直是一种"你听我话"的教育理念。

在这样的教育理念下，孩子一定要听她的话，否则就是不乖。孩子不乖怎么办？父母就会动手打孩子。孩子挨打了，心里受伤了，可能就会发生悲剧。

一味地要求孩子听话，只会让孩子丧失主见。遇到困难，孩子就会习惯性选择逃避。家长需要做的，是在孩子遇到困难时积极引导，而不是过分控制。孩子在解决困难的过程中，会更愿意倾听别人的建议，并将这些建议付诸实践，迎难而上。这正是我们需要抓住的那个“黄金教育机会”。

正因为我们错失了一个个教育的黄金机会，才会导致社会上各种各样的悲剧不断重演。

我们应该怎么做，才能不错失教育的黄金机会呢?

针对这个问题，我总结出来一句话——“白天”看见“鬼”，“黑夜”看到“光”。

这里先讲“白天”看见“鬼”：要看到对孩子的伤害与干扰。

所谓“白天”看见“鬼”，就是在日常生活中，有些场景大多数人都觉得很正常，不以为然，恰恰这时候需要家长和老师看到平静水面下的汹涌波涛。在大人眼里普普通通的事，很有可能已经对孩子造成伤害了。

还是以一个我之前看到的新闻为例：

一个孩子把自己反锁在家里拒绝上学，消防员破门而入。妈妈看着不懂事的孩子，声泪俱下地劝说：“爸爸妈妈没文化，我们也没办法，我们现在为年少无知在买单。我不想你走我们的老路，你现在吃不了学习上的苦，到社会上你会遭社会毒打的……”妈妈苦口婆心的话语令人动容，儿子却背对镜头一言不发。

这则新闻发出来的时候，我打开评论区发现绝大多数人都在心疼这位母亲。但是，这里面的“鬼”很少有人注意到。没人注意到那个孩子当时的状态：小男孩坐在位子上，虽然背对着镜头，但我们依然能感受到他身上透露出来反抗、厌倦、倔强等态度。这个时候给孩子讲道理是没有用的。

他为了逃避学习，选择把自己锁在家里，结果引来消防员破门，众人围观，周围的人议论纷纷。大多数看客并不会站在孩子的立场，他们会斥责孩子不理解父母挣钱的难处，不理解妈妈的一片慈心，觉得孩子不懂事，甚至把隔壁张三李四家的孩子拉来和这个孩子比较。无论是现场妈妈的苦口婆心还是即将到来的流言蜚语，都会让这个孩子的内心处于绝望之中。

只可惜，大多数人都觉得是妈妈说得对，没有看见白天的那个“鬼”。

也就是说，所有人都认为妈妈这样教育孩子很正常，但都没有注意孩子的内心已经受到极其严重的伤害。

在这个案例中，孩子的厌学情绪是“白天”的“鬼”最常见的躲藏方式，以及它不显露的原因。家长和老师需要关注孩子的情绪，防止情绪阻塞孩子大脑的思考。

下面的案例则是我们生活中最常见的一个场景，充分体现了“白天”的“鬼”是怎么藏在情绪中影响孩子思考的。

妈妈辅导孩子写作业时，先是不耐烦地倒吸了一口气，“咝”了一声，然后才念题目：星期天，有 6 家组织亲子户外活动，每家 4 人，一共有多少人参加?

孩子回答：4 × 4=16，有 16 人。

听到这话，妈妈饭也不做了，撸起袖子坐下来问他：“为什么是 16 呢？”

孩子不自觉地做出抠鼻子、咬笔的动作，被妈妈喝止。

妈妈问他：“一共有几家参加？”

小孩小声说：“6 家。”

妈妈接着就问：“4 乘 6 等于多少？”

最终，背出乘法口诀四六二十四，结局看似皆大欢喜。

在上面这个辅导作业的过程中，妈妈撸起袖子、喝止、吸气等动作是下意识表现出的不耐烦情绪。

这股情绪被敏锐的孩子接收到了，孩子感受到了压力，产生一些下意识的行为来缓解紧张情绪，比如抠鼻子、咬笔头、抓耳挠腮等。细想一下就会明白，孩子是真的鼻子不舒服需要抠吗？还是笔真的好吃，想咬一咬？

孩子这种缓解压力的行为在家长眼中却是注意力不集中的表现，反而会让家长更加生气，并怒声喝止。这个时候，别说集中注意力学习了，孩子的注意力全跑到"怎么回答才能让我妈不骂我、不打我"这件事上了。

在日常生活中，似乎每个家长都以这样压迫性极强的方式辅导过孩子，每个孩子都有过咬笔、搓橡皮这样的小动作。所有人都觉得这是不值得注意的小事，却导致孩子紧张、注意力不集中，这一类"'白天'的'鬼'"很容易被我们忽略，也是家长和老师们需要警惕的。

# 解析五个典型场景：“黑夜”看见“光”

当我们成功地在“白天”看见“鬼”后，下一步需要做的就是在“黑夜”看见“光”。“黑夜”看见“光”指的是在孩子比较困难甚至绝望的时候，给他带来希望，让他看见光明。

需要注意的是，不同的孩子面对着不同的“黑暗”，需要不同的“光”来拯救。这里，我举几个典型的例子来帮助大家理解。

## 案例 1

回到我上面讲的案例中——男孩将自己锁在家里，拒绝上学。

这个孩子处于极端的“黑暗”中，我们该怎样帮他走出来呢？我们必须深入“黑夜”去帮助孩子寻找那一片“光”。

先从源头上讲，这件事是因为孩子拒绝学习引起的，但事实真的如此吗？

“天为什么是蓝的？”“我为什么不能像鸟一样飞？”孩子只要问过这样的问题，就一定是爱思考的，他对世界有着本能的探索欲和求知欲。他一定有一颗学习、探索、求知的心，只不过被某些东西阻塞住了。

青春期的孩子，理智脑基本还没发育，情绪脑处在一个极度亢奋的状态。家长最应该做的，不是一味地逼迫孩子学习。在这个例子中，在当时的场景下，这位妈妈不需要讲道理，只需要上去把孩子抱住，设身处地和他共情，安慰他，缓解他不安的情绪。先给足关爱感，激活他的自主感，然后找好老师帮他提升能力感。让孩子在感情和能力两方面都看到“光”，慢慢走出“黑暗”。这才是真正有效的解决之法，而不是在旁边一直唠叨。

## 案例 2

我们再来看看更常见的第二个案例——家长辅导孩子不耐烦，喝止孩子缓解紧张的小动作。

如果家长在辅导孩子作业的过程中，由于孩子的作业对家长来说非常简单，家长讲解几次后，孩子依旧不得要领，家长就会产生不耐烦的情绪。请家长始终要记住并提醒自己一点，就是“你眼中的理所当然，对孩子而言是前所未见”。

孩子的学习是一个接受、消化的过程。

这是他第一次使用乘法去解决问题，是他第一次把乘法应用到实际生活中。

不要急着给他一个结论、一个算式，让他去算。

学习消化的过程可能比较缓慢，家长一定不能急躁，不要一上来就给他一个算式、口诀或者结论，想想前面介绍过的“三步法”“六步法”。

回想一下上面那个案例，家长最后甩给孩子一个算式，中间没有任何让孩子思考的环节。

案例中的题目是，一辆汽车有 4 个轮子，一共有 6 辆车，问一共有几个轮子。

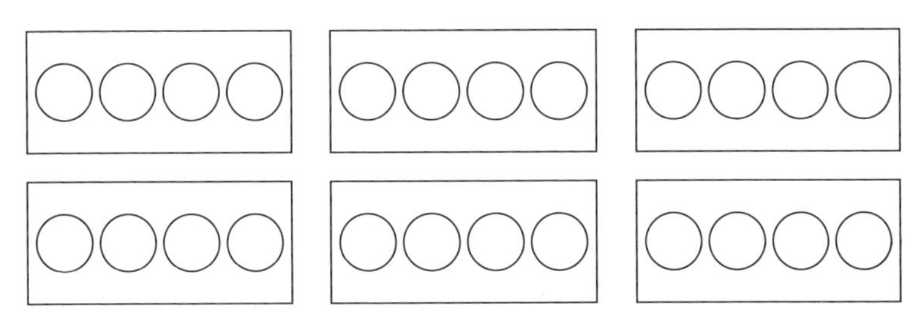

**6 辆汽车，每辆汽车 4 个轮子**

不要一开始就让孩子给出 $4\times6=24$ 这个算式，要给孩子时间让他慢慢去分析。每做一道题目，就相当于将乘法重新梳理一遍。

学习就像一棵树的成长，对于基础知识的梳理相当于树根，树要长得越高，根就要扎得越深。这就需要不断地对题目背后的逻辑和本质进行思考，而不是通过死记硬背来获得解题方法。等孩子学了三遍、四遍后，他就不会慢了，甚至在以后的学习过程中，会因为基础打得好而变得更快。

有些家长每天总是很着急、很焦虑，觉得这样教孩子，孩子的学习进度太慢，但这是真正学习和掌握新知识的必经过程，没有捷径可走。

“学习”这个词可以拆分成两个层面来理解：一个是“学”，一个是“习”。

“学”是接触、了解、掌握新知识的过程。“习”是不断复习和测验的过程。在“学”的阶段本身就应该是慢的，磨刀不误砍柴工，这样才会学得更透彻、理解得更深入。到了“习”的环节，才能更好、更快地解决问题。

所以，如果孩子前期学习过程慢，家长别着急，等孩子经过几次摸索和强化后，就会掌握方法。他的反应速度就会比那些只会背口诀的孩子更快，解决难题的能力会越来越强。

家长需要收起不耐烦的情绪，不再拿权威压迫孩子，也不要嫌孩子计算速度慢。当孩子把注意力从“应付家长”转移到学习上时，他就在“黑夜”中看到“光”了。

## 案例 3

在上一章的内容中，我们提到了妈妈用果冻教孩子识数的案例，我们再来复习一下。

一个三四岁的小女孩，一脸委屈地看着桌子上两个圆形果冻。妈妈问她：“这是几个果冻？你数数。”

女孩看着妈妈不说话，妈妈说：“你不要看我，看果冻。”

女孩哭着数果冻：“1，2。”

妈妈：“你数完几个就是几个，这是多少个果冻？”

小女孩：“8 个。”

此时的妈妈近乎绝望，她实在搞不懂，就两个果冻，为什么孩子怎么教都教不会？

站在成年人的角度来看，可能会觉得小女孩有点笨，但我们仔细观察，就会发现小女孩的整个学习过程充满痛苦、压抑和悲伤。对她而言，她的思考过程是一个痛苦的过程。

教育学里有个著名的实验——巴甫洛夫的狗。在这个实验中，巴甫洛夫每次给狗送食物之前都要打开红灯，并且要把铃弄响。过了一段时间，就算不给狗送食物，每当红灯亮、铃声响的时候，狗也会分泌唾液。这是一种不经过大脑的条件反射。

回到这个案例中，如果小女孩每次思考都感受到痛苦，久而久之，她对思考产生排斥也就是自然而然的了。

针对这种场景，如何让孩子在“黑夜”中看见“光”？如何让孩子找到学习的习惯和思考的动力呢？这就要用到“三步法”。

**第一步就是给予尊重。**

小女孩已经被数数折腾得痛哭流涕了，我们不妨先把这件事情放一放，平复一下孩子的情绪。把关注点从数学题转移到孩子身上，让孩子解决痛苦的根源，给予她情感安慰，告诉她：“不要着急，我们慢慢来。”“妈妈看到你已经很认真地思考了，这种乐于思考的习惯非常棒哦！”让孩子获得安全感。

**等到孩子的情绪恢复以后，我们再进行第二步：引导孩子探究规律。**

孩子说出答案“8”不是毫无缘由的，是因为两个果冻连在一起看着像数字“8”。

这里我要强调一点，在教孩子认识数字的时候，不要把数字拟物化，比如“1 像铅笔会写字”“2 像鸭子水中游”……这会让孩子产生混淆，因为数字是抽象的符号，并非象形符号。

**第三步，得出结论。**

我们可以多换几组不规则的物体当作教具，再重复这样的计数，帮助孩子建立数与量对应的概念，引导孩子对抽象的数学概念有初步的认知。

## 案例 4

再举个例子，在孩子小学一年级升二年级的暑假期间，很多家长都来问我一个问题："九九乘法表怎么背？"

学校老师要求背，但是孩子不愿意背，家长不想逼孩子背。这是家长和孩子共同的"黑夜"，我们该怎样让他们看见"光"呢？

我的回答是，不要让孩子死记硬背，而是要教会孩子熟练加法的运算规律。比如，可以从 5 开始，家长和孩子站成一排，都伸出双手，家长引导孩子一只手一只手地数遍每个人的手指：5、10、15……用这种方法让孩子熟悉 5 的加法规律，然后再慢慢延展。这样孩子自然就能掌握九九乘法表，明白乘法就是加法的不断叠加。

除此以外，也可以借助一些数学类的益智游戏，比如拆数游戏——把一个数拆成不同数的相加，让孩子在趣味互动中形成加法和乘法的关联意识。

## 案例 5

最后一个"黑夜"看见"光"的典型例子是前文中提到的一个案例，在这里，我从如何帮助孩子找到希望的角度再来分析一下。曾经有一位家长特别着急地找到我，说孩子已经两周没写数学作业了，还不想上学，怎么办?

我先单独向孩子的父亲了解了一下情况，在沟通的过程中发现，这位父亲对孩子进行了过多的说教。比如，“你是个男孩，你长大了，要能独立解决问题，学习是自己的事……”但孩子的理智脑还没发育成熟，我们用理性来和孩子讲道理是没用的，反而会让孩子产生消极的情绪和对抗、逆反的状态。

这个孩子智力方面没有任何问题，平时在家特别爱玩乐高以及拼装类的玩具，而且一些益智类的游戏学得非常快。我可以肯定，孩子是情绪出了问题。

我和孩子进行了单独沟通，他说出了不爱学习数学的原因。

一方面，数学老师讲课方式死板，被孩子戏称为“老三样”——检查作业、讲题做题、留作业，他觉得很无聊；另一方面，老师会对成绩好的学生和成绩差的学生区别对待，像他这样的所谓“差生”即使做对了题，也得不到老师的表扬。

我先向他澄清：老师的教学方法存在问题不能成为他不学习的理由，他也不是差生。然后，我当着孩子的面对他的父母说，取消这两周耽误的作业，不用再做了。

我理解这个孩子现在的心理状态，他已经两周没写作业了，这个“窟窿”短时间内补不回来，这个压力让他处在一个退缩、逃避的状态。

这几天肯定所有的人都在对孩子说“赶紧把作业补上”，听我说取消补作业，他马上松了一口气。

紧接着，我又给孩子提了一个要求：虽然之前落下的作业不用补，但一定要把这两周课本上的题目都做完。

他想了想，最终答应了。所以，降低一些任务难度，让学习有压力的孩子更有动力，因为他觉得这个目标是够一够就能完成的，而不是遥不可及的。

谈话结束之后没多久，孩子的妈妈给我发了一条信息，说孩子第二周数学居然考了 91 分。你能想象在这之前，这个孩子是一个两周没写数学作业，而且抵触数学的“问题学生”吗？

作为父母，我们要具备“白天”看见“鬼”的能力，要在很多我们平时认为理所当然的教育场景之下，发现教育的问题。要做到这一点，就需要父母的关心，父母要能敏锐地察觉到孩子的异常。只有父母做到了这一点，孩子才能在“黑夜”中看见“光”。孩子需要的是能陪伴他一起走入“黑夜”的人，而且这个人能在“黑夜”中给他带来“光明”。

最后，我想对所有家长说一句话：“我们和孩子的每一次交流，都是一次教育的契机，用好了是转机，搞砸了是危机。”

# 3

# 家长懂数学，孩子爱数学

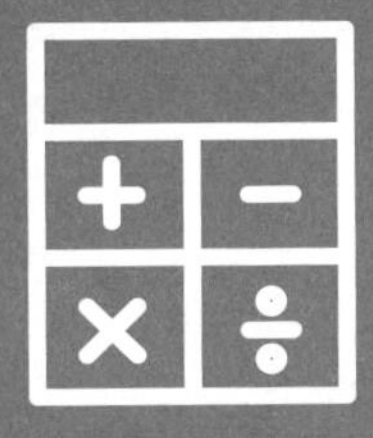

前两章，我们了解了包括数学在内的学习的本质，以及如何从情感和方法两个维度去引导孩子。如果你已经成功地引导孩子具备了思考的能力，那我们接下来就把目光聚集到数学这个学科上。

数学是理科基础，所以接下来我们讲到的思维不仅仅是数学思维，也是整个理科科研的研究思维。

本章的章名是“家长懂数学，孩子爱数学”，这里的“家长懂数学”指家长懂得孩子每一个阶段需要具备的能力，所以本章囊括了学龄前，一、二年级，三、四年级，五、六年级，初中，这五个阶段，帮助家长分阶段培养孩子的能力，让“孩子爱数学”。

# 学龄前的大脑启蒙：基础思维

学龄前阶段主要是指 3 ~ 6 岁，在这个时期，家长最关心的是孩子启蒙的问题。

很多家长都问我："儿童数学启蒙要报什么样的课？"

家长觉得孩子的启蒙教育只有通过报班、上课才能实现，这其实是家庭教育中的一个误区。对于学龄前的儿童来讲，相比于从书本中学习，他们更容易从生活场景和实际操作中获得启发。

由于学龄前的儿童年龄小，不具有吸收知识的自主性，这时候就需要老师和家长将数学知识引入一些常见的、好理解的生活场景中，来帮助孩子理解抽象的数学概念。这种行之有效的方法，也被应用在许多数学启蒙玩具中。而相比于有兴趣就玩，没兴趣就放在一边的玩具，真实的生活场景更具有可操作性和灵活性。

接下来，让我们回归具体操作层面，看看日常生活中有哪些机会可以帮助孩子启蒙大脑。

在正式开始数学启蒙前，先明确我们的任务是什么。经过大量案例总结，我提出两项具有可行性的任务：一项叫“基础思维”，另一项叫“数的意识”。

我们先来看基础思维。人的思维有很多种，比如分类、分布、逆向、转化等，我认为学龄前的孩子需要具备其中的四种思维：有序、分类、对比、假设。

## 有序思维

有序思维是一种线性思维，而所谓线性思维就是从一点开始，逐步向前推进。像串珠子那样，得一个一个来，先做什么，然后做什么，最后做什么。其中任何两件事都不能同时进行，一旦打破顺序或者同时进行，就会引发思维混乱。

生活中有很多训练线性思维的场景，比如每天早上孩子的行为就是线性的：起床—穿衣—刷牙—洗脸—吃早饭。一旦顺序打乱，让孩子先吃早饭，吃完早饭再刷牙、穿衣，不用家长说，孩子都会觉得太混乱了。

再如洗衣服，把衣服放进洗衣机，然后倒上洗衣液，再选择洗涤模式，最后开始洗。如果我们打乱顺序，先倒洗衣液，然后选择洗涤模式，等洗衣机脱水后，再把衣服放进去，这样就没法把衣服洗干净了。

让孩子感受有序思维最好的方式，就是在生活中让他感受到场景中的混乱。家长可以在孩子刷牙的时候问问他：“如果我们刷牙时，先刷牙，再挤牙膏行不行？”让孩子感受到生活中的有序思维是什么。

如果孩子能亲身感受到这种矛盾和冲突，就会意识到很多事都是有逻辑顺序的，这样能够帮助他有效地形成有序思维。

## 分类思维

分类思维是人类计数的基础，一些简单的数数，孩子可以轻松掌握，可一旦数变得多一些、复杂一些，孩子就会数不明白，这是因为他的分类思维是混乱的。如果做到先分类，再数数，复杂的数数就会变得简单。

具体的训练方式，就是让孩子把积木、玩具、绘本等生活中常见的东西，按照大小、材质、颜色分类。完成分类后，再进行计数。如果觉得太刻意，可以带着孩子去吃火锅，引导孩子对食材进行分类。比如，有几种蔬菜、几种肉、几种豆制品，最后再问问孩子所有的蔬菜、肉、豆制品一共有多少种。这就是在生活中培养孩子的分类思维。

## 对比思维

对比思维可以理解为“找相同，比不同”。

平时给孩子穿衣服的时候，故意让他穿的和昨天有些不同，可以改变衣服、帽子、鞋子或者其他配饰，然后问他今天穿的和昨天相比哪里不同。或者让孩子想一想每顿饭的不同之处，比如今天的午饭和昨天的午饭，主食、肉类是不是相同的，喝的粥和昨天相比有什么不同。

对比思维训练可以让孩子的感官更加敏锐，清楚地分辨两种相像却不同事物的差别。在孩子处理难题时应用对比思维，既可以从旧的题目中寻求解题思路，又可以从新的难题中看到自己的不足之处。

## 假设思维

假设思维最典型的场景就是“捉迷藏”，和我们平时玩的稍微不一样的地方：不是让孩子来找家长，而是家长引导孩子去找东西。

家长可以把孩子的一个玩具藏起来，然后对孩子说找不到了，请他帮忙。

这时候，家长需要引导孩子做简单的假设思维训练。假设一下玩具在柜子后面，然后让孩子看看柜子后面是不是有玩具。这个简单的过程，其实就是假设并验证的过程。我们先假设玩具在柜子后面，再进行验证。

如果玩具在柜子后面，就是我们说的证实；如果玩具不在柜子后面，这就是证伪。

无论证实还是证伪，我们都可以进行下一轮的“假设—验证—假设—验证”循环，这就是数学底层的逻辑。

# 学龄前的大脑启蒙：数的意识

了解了基础思维后，相信家长已经对孩子的思维模式和思考方法有了一些了解。

现在，我们再来看看如何培养孩子数的意识。它可以分为四个步骤：认识数字、数字数量对应、创造符号、用数数做计算。

## 培养孩子数的意识

### 认识数字

认识数字需要避免一个误区——不要用象形的方法教孩子认识数字。比如，上文提到的大家熟悉的方式："4"像一面小旗子，"2"像一只小鸭子，"8"像两只眼睛等。这是错误的教学方法，因为阿拉伯数字不是象形符号。如果用象形的方法来教孩子，反而会让孩子产生混淆。我们前面举到的果冻例子，两个果冻拼起来像“8”，孩子就认为是8个果冻。又如，当你问孩子有几面旗子的时候，孩子就会想，这是像“4”的小旗子，所以就是4面小旗子。孩子已经完全分不清数字符号和数量意义，这无疑是本末倒置。

那么，应该怎样教孩子认识数字呢？我认为最简单的记忆训练即可，比如用数字卡片或卡牌，不用管它代表的含义，就是简单地记住卡片或卡牌上的数字就好。

### 数字数量对应

等孩子完全记住数字之后，再训练数字与数量的对应关系。

孩子刚开始会产生疑惑，不明白家长为何让他记数字。这时，家长要让他知道，认识数字可以表示物体的数量。

比如，让孩子知道“2”可以表示两包纸巾、两双鞋、两根筷子、两个碗等相同的数量。

同时，我们还可以用大小差别很大的两种物品，比如两个西瓜和两个乒乓球，演示它们的数量都可以用数字2表示。使孩子明白，数是用来表示数量的，而不必在意具体物体的其他特点，让孩子进一步理解数字和数量背后的对应关系。

### 让孩子自己创造符号

在孩子已经掌握标准化的阿拉伯数字后，我们可以让孩子自由发挥自己的想象力，去创造一套属于自己的符号。有些家长可能会问，为什么会有这样的训练？

因为所有的符号都是人类创造出来的，我们已知的任何一种语言文字也好，数字符号也罢，都不是在自然界中存在的。所以，孩子首先要明白的一点就是：我在学习的，并不是自然界中存在的具体物品，而是用人造的符号去描述世界上的规律。

对于刚接触数学这门学科以及符号的孩子来说，他的心里可能不是很清楚，为什么数字 1、2 要写成这样，为什么它们有独特的样子。为了更好地让孩子理解符号是我们人为创造出来的产物，在自然界并不存在，家长可以让孩子以他的精神世界为标准，让他创造、发明自己的符号。这个过程，就是在培养孩子的符号意识。

与此同时，家长也可以创造自己的符号。和孩子创造的符号进行比对，会发现两个人的符号会有差别。这个时候，孩子就会理解，为什么人类要统一符号。因为如果不统一符号，我们将无法进行信息传递和沟通。

这个游戏的作用是让孩子创造一套数字符号，从而激发他的符号意识，让他更深入地理解符号在人类信息传递过程中的重要性。

符号意识是每个孩子在上小学后，一个非常重要的底层素养。

### 用数数计算

最后，是用数数来做计算。

很多家长以为孩子初期的计算是靠记忆来学习的，比如“2+3=5”“3+4=7”。如果孩子忘了怎么办呢？再把这个算式告诉他，让他重新记一次吗？这样的方式其实是非常不合理的。

最合理的计算启蒙方法就是数数，这时候有的家长会问：“他每次计算都要去数数吗？这样也太慢了。”

各位家长会发现，人类到了学习数学的最后阶段，确实是记住了很多公式结论，直接把结论拿过来用。但记忆的过程不是直接给孩子公式让他死记硬背，而是要让孩子通过很多次数数，逐渐掌握计算结果。

其实，我想模仿鲁迅先生说过的话，来说明计算和数数之间的关系——这个世界上本没有计算，当数数得多了，才有了计算。所以，家长和老师千万不能忽略孩子计算启蒙时期数数的重要性。一定要先把数数做熟练，才能有计算的能力。

比如“3+2=？”，家长不要粗暴地告诉孩子 3 加 2 等于 5。最好拿出三支笔，再拿出两支笔，一支一支数，让孩子用“从 1 数到 5”的方法来计算。在这样的过程中，类似塑料棒的教具非常实用。

## 如何在生活中建立数学认知

接下来，举出我童年的几个例子，向大家分享一下我是如何在生活中建立基础数学认知的，以供大家参考。

### 认识奇数、偶数

小时候，家里吃饭时，大人让我拿筷子。我一开始不数，经常胡乱抓上一把就完事了。但是爷爷拿筷子时就会数数，我就在旁边看着他数。爷爷数数的方式很独特，他总是一边数，一边嘴里嘟囔着“一对、两对、三对，四对，四对半”。数到“四对半”的时候，爷爷就会添一根筷子进来。

爷爷拿的筷子刚好能成对，比如 4 个人拿四双筷子，4 对，也就是 8 根。而我拿筷子的时候，就会出现很滑稽的情况——拿了 4 对半筷子，9 根，最后总有一根筷子躺在一边，孤孤单单的。

现在看来，爷爷当时计数的方法，其实就是区分奇数、偶数。虽然我当时并没有办法理解奇数和偶数这种数学名词，但关于它的基础的数学概念已经在我脑海里成形了。所以，当幼儿园开始教单数和双数的时候，我很快就掌握了这个知识点。

### 关于数的计算

我小时候特别喜欢吃雪糕，爷爷就经常带着我去买雪糕。每次付钱的时候，他都让我自己算。

当时，一根雪糕 5 角钱，爷爷给我 1 元钱。我每次买完雪糕之后，手里还剩下 5 角钱，还可以再买一根雪糕。我知道了，1 元钱可以买两根雪糕，可以当成两个 5 角钱用。也就是说，“两个 5 角是 1 元”。

后来物价上涨，雪糕越来越贵，我的计算水平也相应提升了。等出现 2 元钱的雪糕之后，爷爷会给我 5 元钱。买下雪糕后，我就剩下 3 元钱，也就是“5-2=3”。

有时候，表哥来家里玩。爷爷还是给我 5 元钱，让我买两根雪糕，最后我就剩下 1 元钱了。这会儿，我就明白“5-2×2=1”是怎么一回事了。

要是表哥、表姐全都来了呢？ 5 元钱很明显已经不够花了，“5÷3”不够除了，5 元不够买三根雪糕。

在爷爷的启迪下，当时的我就已经开始基础计算的训练了。

### 认钟表

除了爷爷，奶奶也会教我，比如如何认钟表。

我 4 岁的时候，奶奶和姑姑经常在卧室里打麻将。当时卧室里没有钟，钟在客厅里挂着。她们在卧室里打麻将打得热火朝天，经常忘记时间，下意识地问在客厅里看电视的我几点了。

我支支吾吾地回答不上来，看着大大的钟面，那上面好似写了一个大大的问号。

她们突然反应过来，那时 4 岁的我根本不认识钟表。我奶奶灵机一动，问我那个“胖针”走到哪儿了，然后再问我那个“瘦针”走到哪儿了。

我记得很清楚，那时大概是下午 3 点多。我告诉奶奶“胖针”在 3 附近往下面一点，“瘦针”在 6 附近。这个时候，我奶奶就明白了现在是 3 点 30 分了。

我奶奶并不是有意要教我认钟表，但她知道用我听得懂的语言提问，并且让我先后说出“胖针”和“瘦针”的位置，这是一种有序思维的应用。

就这样，过了两个月，我就学会认钟表了。

认钟表一般是在小学一、二年级开始学习的，但是我建议还是尽量在孩子上学前就教会他认钟表，这样孩子刚上学的压力就会小很多。

生活中其实有很多场景可以给孩子进行数学启蒙，并不拘泥于数筷子、买雪糕、认钟表这些场景。比如，我的一位朋友喜欢烘焙，带着孩子烘焙的过程中，孩子会明白 1 克和 500 克的概念，这就是典型的数和数量相对应。除此之外，这个场景中还有大量的知识点，如时间单位、重量单位等。

每个家庭各不相同，重要的是用孩子能够理解的方式，让他去探索数学世界。只要有这个心，生活中处处都是学习的机会；只要能帮助孩子完成基础思维和数的意识的培养，他就能获得学习数学的基本能力，并且在后期学习的过程中学得更快。

# 一、二年级，如何培养数学思维

一些思维比较敏捷的孩子可能在学龄前就完成了符号基本的认识和加减的理解，而另一些孩子可能到了一、二年级才能掌握，这是正常的。学龄前的数学学习和一、二年级是一个连续的过程。

这个时期，家长需要帮助孩子培养三种能力：基本单位的认识、符号意识的强化、熟练地进行基础计算。

## 基本单位的认识

对于单位的认知，最重要的一点是让孩子通过感知来学习，而不是靠记忆。

比如前文中举到的例子：

1 米 =（　　）厘米

一、二年级的孩子基本都能做对这道题，但重要的是他是否真正理解了这道题，他对不同的单位是否具有相对清晰的概念。

正如前文中所说，有的孩子只是根据书上的公式来作答，数学书上说 1 米 =100 厘米，孩子就照葫芦画瓢，写上“100”。在这个过程中，孩子没有进行逻辑思考，只依赖于一个规范的、权威的标准答案，这种方式不能长久。

而有些孩子在作答的过程中，会用手指、手臂比画出每种单位的长度，通过动作幅度来感受距离的长短，感受不同单位所代表的不同含义，这说明孩子是用逻辑思维在答题。

这两类孩子刚开始都能答对，但是时间久了，两种学习方法的优劣就会显现出来。

靠死记硬背做题的孩子在之后的学习过程中，还是会按照这种方法来学习。但是随着学习的难度越来越大，需要记忆的东西越来越多，这种学习的弊端就显露出来，孩子会越来越力不从心。

通过理解来学习的孩子，不一定当下就能记住公式。他最初解题时可能比靠死记硬背的孩子慢一些，但是他会在生活中找到对应的场景，通过眼睛观察和动手实践对数量和单位的关系有直观的了解，这才是真正掌握了正确的学习方法。

这里给大家推荐一个学习单位的小妙招：当孩子学长度单位时，给他买一把软尺，让他在家里到处测量长度；当孩子学重量单位时，则给他买一个小小的电子秤，让他去称家里各种物品的重量。这样，他就对单位有非常直观的感知了。

## 符号意识的强化

前面提到要给学龄前的孩子培养符号的意识，那么我们到了一、二年级的目标，就是要帮助孩子强化和落实符号意识。

首先要让孩子理解数字符号的含义，因为数学就是符号的世界，理解这一点有助于孩子理顺数学的底层概念，有利于孩子后期学习的快速进步，这是衡量一个老师专业性的重要指标。

电影《地球上的星星》里有这样一个场景：一个孩子在做“9×3=？”的时候，给出的答案是“3”。为什么孩子会得到这样一个荒唐的答案?

电影详细演绎了孩子的思考过程，看完这个过程，你就会明白。

电影里的小男孩不喜欢数学，却对天文情有独钟。当他看到这道数学题时，首先关联的就是自己喜欢的东西。他在脑海中将 9 想象成 9 号星球（冥王星），把 3 想象成 3 号星球（地球），至于中间大大的“×”号，被小男孩理解成了互相撞击。小男孩化身宇宙英雄，带领地球（3 号）战胜了冥王星（9 号），最后地球（3 号）大获全胜，所以最终的答案是 3。

孩子不理解陌生的符号，用自己的逻辑将“9×3=？”的答案推演出来。在孩子的精神世界里，这个答案就是正确的。

如果你碰到这种情况会怎么做?很多家长这个时候已经被情绪脑控制了，认为是孩子太笨，或者不认真，忽略了孩子有自己的一套思考逻辑。

我们需要从理性的角度出发，认清孩子错误的根本原因是对符号没有充分理解。

应该怎样加强孩子对数学符号的理解呢?

我们只需要在生活中做一件事——双向转化，把生活中的场景或者故事转化为数学中的符号，把数学中的符号转化为生活中的故事场景。

比如，孩子中午吃了两碗饭，晚上吃了一碗饭。这个时候，我们可以问他，如果想知道一共吃了几碗饭，该用什么符号？如果想知道中午比晚上多吃了几碗饭，又该用什么符号？

再反过来，如果孩子做数学题遇见了“2+1=？”，能不能给他讲成生活中的故事？比如，孩子中午吃了两个鸡腿，晚上吃了一个鸡腿，问他今天吃了多少个鸡腿？

除了基础的加减法外，双向转化也可以作用在乘法的理解上。

比如，“2×3=？”。妈妈给孩子买了玩具，一个玩具2元钱，妈妈心情好，一高兴给孩子买了3个玩具，妈妈买玩具花了多少钱？

再反过来，孩子今天早上吃了2个包子，中午吃了2个包子，晚上又吃了2个包子，如果想知道他一共吃了几个包子，该用什么符号来计算呢？

将数学问题应用到具体的生活中，帮助孩子强化符号意识，提前让孩子熟悉应用题的思维逻辑。

## 熟练基础计算

一提到熟练基础计算，很多人的第一反应就是买练习册、刷题。但这已经是过时的想法了，现在孩子的娱乐方式经历了好几个时代的发展和变迁，而刷题这种学习方式还停留在几十年前，已经跟不上孩子的认知发展规律了，所以孩子对传统的刷题存在着很强烈的抵触心理。

正确的方法应该是通过游戏互动的形式，让孩子在娱乐的过程中，潜移默化地熟练数学计算。这样，他才能对做题感兴趣，从而不断练习，达到熟练的程度。

比如，翻扑克牌游戏。我们可以准备 2 至 10 的扑克牌扣在桌子上，家长和孩子分别翻开一张牌，看看谁先又快又准地说出这两张牌的和、差、乘积，或者商和余数。

这类益智游戏非常多，但往往需要专业人员进行设计。比如，我为一、二年级的孩子设计过训练加减法的游戏——鸡腿大爆炸、鸡腿大暴走等。又如，孩子接触分数时，帮助他们更好地理解分数概念的游戏——快把傲德拽上来。

总之，一、二年级的孩子学习数学，需要注意三件事：第一，单位不要死记硬背，要理解；第二，想计算好，对于符号的理解要通透，把故事变成算式，把算式变成故事；第三，熟练计算要游戏化。这样才能让孩子真正认识数学，爱上数学！

# 三、四年级，如何培养数学思维

我将三、四年级孩子的数学划分为三大块：乘法计算、思维提升和公式意识。在学习的过程中，孩子会逐渐养成良好的学习习惯，掌握自己的学习节奏。

## 乘法计算

虽然小学阶段的计算主要分为加、减、乘、除四种，但是从三年级开始，乘法会逐渐成为所有计算方法中最核心的计算。因为加减法已经在一、二年级基本学习完毕，而除法又是以乘法为基础的，所以乘法的作用就凸显了出来。

这个时期，孩子学数学最重要的任务就是学会乘法，并将其融会贯通。

三、四年级的乘法计算有两个核心知识点：一个是“两位数乘以一位数”要尽量口算，另一个是“两位数乘以两位数”要运用运算律。

两位数乘以一位数，比如 23 × 5 或者 48 × 3，这类题要尽量让孩子口算。

随着年级的跃升，数学的计算量会越来越大。打草稿计算已经无法应对高年级越来越多的计算量。它会拖垮孩子学习的速度，在应对考试时也会使时间更加紧张。

家长不必非要让孩子打草稿，学习的本质是思考。相比打草稿而言，口算更锻炼大脑反应，考验孩子的思考方式。

两位数乘以两位数，可以鼓励孩子多尝试口算，最常用的方法就是使用乘法分配律进行拆数。比如 37 × 52，用运算律将 52 拆开，将算式变成 37 × 50=1850，37 × 2=74，最后得出答案 1850+74=1924。

有的家长会问，乘法学会了，除法怎么办?

其实，除法的本质就是乘法和减法的组合运用，孩子最容易出错的环节叫“试商”，而“试商”的步骤，运用的其实就是乘法计算。比如 922 ÷ 29，先用 922 的前两位“92”除以 29 开始试商，如果商为 3，发现 3 × 29=87，比 92 小。那把 3 变成 4 呢？ 4 × 29=116，这样就比 92 大了，所以试商的结果应该为 3。

通过上面的步骤，你有没有发现，我们在算除法的时候，其实算的还是乘法。

所以，很多三至五年级的孩子，计算出错或者不熟练的根本原因，都是乘法没有学扎实，从而影响了他的计算能力。

## 思维提升

三、四年级的孩子最重要的数学思维主要体现在“定锚”“转化”“假设”“逆向”四个方面。

### 定锚

“锚”一般指船锚，是一种铁制的停船工具。船在停靠时，把铁锚扔进海里，可以使船停稳。

在数学的思维中，定锚就是像把锚定在海里一样，找一个确定的解决问题的切入点。

来看一道题。

三年级和四年级的同学买的书总数一样多，三年级有 48 人，每人买 2 本，四年级每人买 3 本，四年级有多少人？

这是一道非常典型的三到四年级的归总问题，孩子们刚接触三、四年级的应用题，很可能无法快速对密密麻麻的文字信息做出反应，不知道从何入手。这时候，定锚思维就可以大显身手了。

我们可以运用前面提到的“六步法”。

第一步是“看一看”：看到“三年级和四年级的同学买的书总数一样多”。

第二步是“想一想”：想一想能不能算出每个年级买的书的总数。

第三步是“试一试”：继续往下读题，可以算出三年级买书的总数，列式为：48 × 2=96（本），所以三年级一共有 96 本书。

有了总数，再配合其余的条件，四年级每人买 3 本，列式为：96 ÷ 3=32（本），所以四年级一共有 32 人。

第四步，“说一说”：从这里开始，我们可以进行总结，这道题目考查的是数学的归总思想。也就是说，当你看到“有多少人，每人有几个”或者“某两个总数一样多”这样的条件时，就可以先把总数算出来。

第五步，“记一记”：将“归总”这个关键词进行书面记录。

最后一步是“准不准”：以后再遇到具有类似条件的数学题时，都可以尝试一下归总的思路。如果能够使用，则继续往下做。如果不能使用，那我们就要用“六步法”探究新的规律和结论。知识就是这样一点一滴积累起来的。

### 转化

所谓“转化”，主要就是把题目的文字信息转化为更好理解的形式或内容。比如下面这道题：

三、四年级的同学去买书，三年级同学买的书是四年级同学买的 3 倍，三年级同学比四年级同学多买 20 本，四年级同学买了多少本书？

首先，可以用定锚思维先锁定“三年级同学买的书是四年级同学买的 3 倍”这句话。

然后，将文字条件转化为线段表示，四年级是一段线段，那么三年级就是三段。

四年级

三年级

再往下看，“三年级同学比四年级同学多买 20 本”，那么这 20 本就是三年级多出来的两段，所以一段就是 10 本。可以看出来，四年级只有一段，所以买了 10 本书。

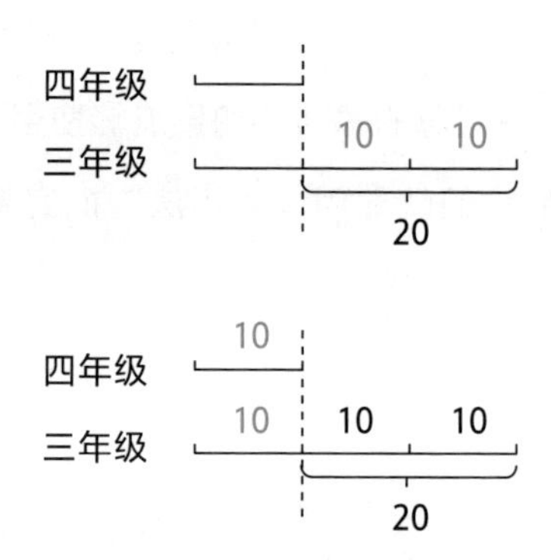


看到这里，有的家长可能会有疑问：“这样的解题思路好是好，但是考试的时候怎么写算式呢？”

在我看来，算式就是思维的自然流露。当一个人具备了清晰的数学思维时，他只需要追问自己一句——“这个数是怎么来的”，就能列出算式了。

比如这道题，两段线段对应的是 20，那么一段线就是 10，10 是怎么来的呢？就是用 20÷（3-1）得到的。

如果孩子真的从小就培养出这样的思维模式和解题技巧，他其实就已经具备了列算式的能力了。家长或者老师要做的，就是引导孩子说出他每一步的答案是怎么得来的。这样，孩子自然就会一步一步列出完整的算式了。

还有一道题：

> 爸爸和女儿的年龄加起来是 36 岁，爸爸比女儿大 26 岁，爸爸和女儿分别多少岁？

首先看到“爸爸和女儿的年龄加起来是 36 岁”这句话，可以通过画线段来示意，先画一条长的线段代表爸爸的年龄，然后画一条短的线段代表女儿的年龄。

再看“爸爸比女儿大 26 岁”，换言之，如果把爸爸大出来的 26 岁减掉，爸爸和女儿就一样大了。那么，两个人年龄的总和 36 岁也要减去 26，列式为：36-26=10（岁）。可知此时两段一样的线段总和为 10，列式为 10÷2=5（岁），那么一段线段就是 5。

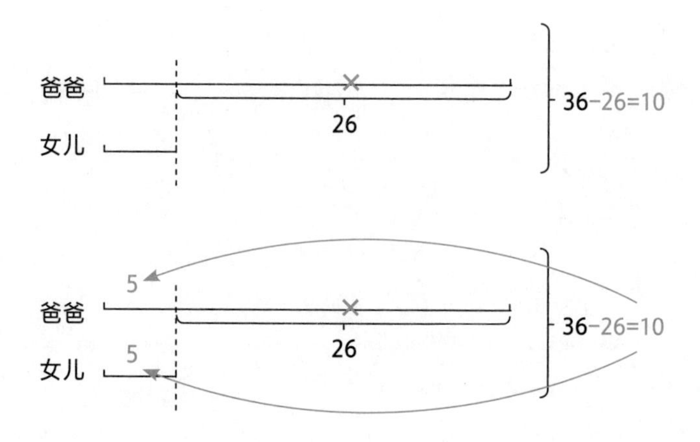


所以算式就是：36-26=10（岁），10÷2=5（岁）。这样，就能算出女儿是5岁，那么爸爸就是36-5=31（岁）。

## 假设

所谓“假设”，就是让孩子先给出一种可能的答案，然后验证对不对，不对再调整。

来看这道题：

> 小明有8张钞票，一共65元，面值只有5元和10元两种，其中5元钞票有几张？

这道题就可以用假设的思维来做，先假设小明手里的8张钞票全是10元，列式为：8×10=80（元）。那么8张钞票总共就是80元，这个答案和题目中的条件对不上，所以假设是错的。

没关系，接下来我们进行调整，将其中一张10元换成5元，列式为：

10−5=5（元）

这样总额少了5元，列式为：

80−5=75（元）

还是不对。

没关系，继续调整。不过在调整之前，可以先思考一个规律：每次将一张10元换成5元，总额就少5元。现在把80元调整至65元，一共要减少15元，可以列式为：

（80−65）÷5=3（张）

那就是要调整3次，因此得出结论，5元有3张。

### 逆向

最后是“逆向”思维，继续看题：

一堆鸡腿，吃了一半多3个，还剩5个，问原来有几个？

这类题目，如果从一开始条件中就给定总数，那么孩子基本都会做，但是没给定总数，孩子就不会做了。这个时候，就需要用到逆向思维了。

我们把总数画成一段线段，将这条线段分成两半。

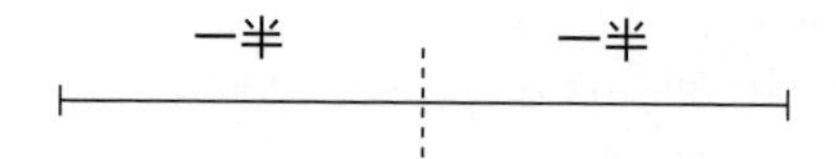


吃掉了一半多 3 个，还剩 5 个，可以这样表示。

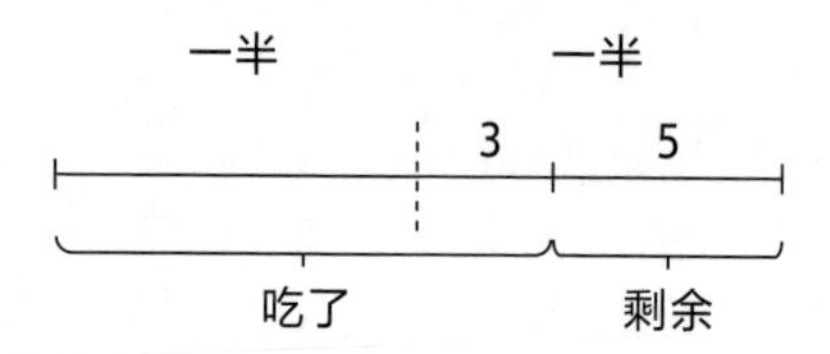


这样，可知一半的鸡腿数，列式为：3+5=8（个）。

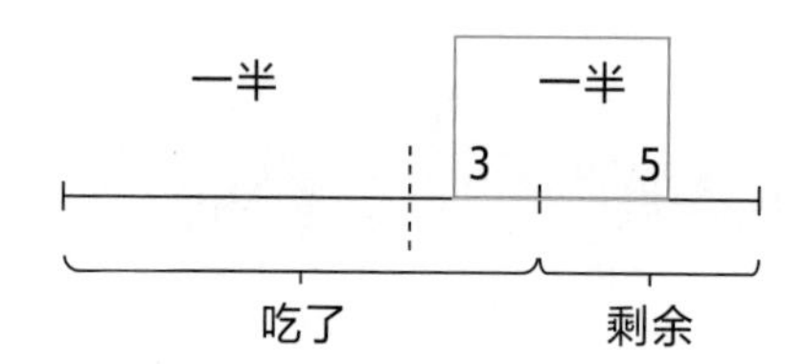


8 个鸡腿是原有的鸡腿的一半，列式为：8×2=16（个），可知原有的鸡腿为 16 个。

## 公式意识

数学里的公式指的是对一系列有共同特征的东西用数学符号进行概括或归纳，以便遇到同类型问题时，高效地调用已经掌握的结论解答问题。

大多数情况下，孩子在三年级上学期会学他人生中的第一个公式，叫作“周长公式”，三年级下学期会学第二个公式，就是“面积公式”。这两个公式怎么教很重要，因为人对于事物的第一印象，将很大程度上决定他对这个事物的后续认知发展。

一些孩子死记硬背，知道长方形的周长等于（长＋宽）×2。可一旦我们把这个题目稍微改变一下，换个样子，很多孩子就做不出来了。

那我们该如何让孩子清晰、直观地理解，周长就是“一个封闭平面图形外围一周的长度”这句话呢？

我开发了一个小游戏叫“薯战薯决”，就是把图形的周长拆分成等长的薯条（如下图），孩子只要把薯条全部数一遍，就能理解什么叫“外围一周的长度”了。孩子学习知识，学得越深，越接近本质，理解得也就越透彻，思考能力就越能得到增强。

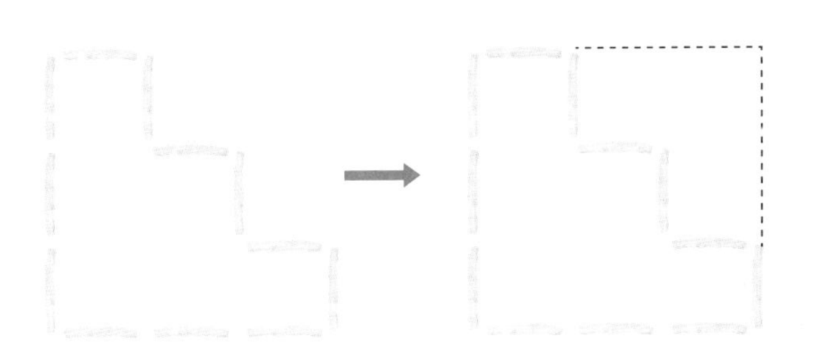

上图是“薯战薯决”中的一个关卡，其本质考查的就是周长计算的“平移法”。

又如，长方形面积公式简单来说就是“长 × 宽”，但为什么是“长 × 宽”？为了让孩子理解其本质，我在教这个知识点的时候，会把它转变成数方格（如下页图）。

一行有10个小方格，一共有8行，所以小方格的数量就是“10×8=80”。

每个方格如果按照 $1cm^2$ 来计算，那么这个长方形的面积就是 $80cm^2$。

所以，面积的本质就是数方格“一行有几个，一共有几行”。

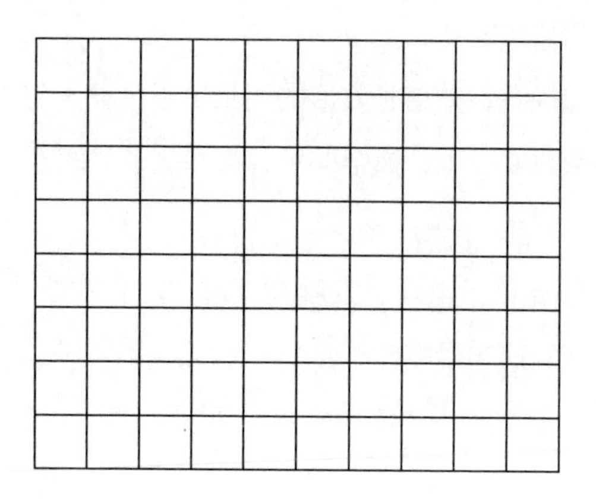

在学这些公式的时候，切记不要让孩子死记硬背，而是要让他理解公式背后的原理。否则，孩子就会把很多公式记混。只要换一个稍微有点差异的图形，他就不会做了。

# 五、六年级，数学应该这样学

五、六年级的孩子学数学，最重要的两个字就是“综合”。这个时期，除了考验孩子的数学知识，更重要的是考验孩子是否可以将之前学到的方法融会贯通，应用自如。

基于此，我们可以将五、六年级的数学分为计算综合、空间综合和思维综合三项。

## 计算综合

### 小数计算

在四年级下学期，孩子们开始学习小数的加减法。这个知识点比较简单，孩子只要把小数点对齐，就能轻松掌握。

而五年级开始学习的小数乘除法，才是老师要带孩子攻克的难点。解决小数计算，孩子需要做对两件事：一、处理小数点；二、计算整数。

我以下列算式为例，带大家看一看小数乘除的计算思路和原理。

$$1.665 \div 0.37=(\quad)$$

解题时先去小数点，以除数（0.37）为标准，小数点向右移两位，被除数（1.665）的小数点也要向后移动两位，我们得到了一个除数是整数的算式：

$$166.5 \div 37=(\quad)$$

接下来，我们用之前学到的整数计算法则做计算即可。整数 1665÷37=45。

算到这里，再次处理小数点，最终答案为 4.5。

如果孩子的小数计算老是出错，我们就要看孩子整数乘除有没有掌握好。小数和整数的计算思路和原理是一样的，小数的计算，要在整数计算的基础上进行。如果整数乘除没有问题，那就把训练重点放在处理小数点上。

这是一次用“综合”思想来处理问题的简单案例。

### 分数计算

开始学习分数前，我们必须认识到，分数计算的本质就是因数和倍数。

比如这道题目：

$$\frac{1}{2}+\frac{1}{3}=(\quad)$$

解题时要先通分，找到 2 和 3 的最小公倍数 6，将两个分数的分母都变成 6，这个算式就变成：

$$\frac{3}{6}+\frac{2}{6}=\frac{5}{6}$$

可以看到，要解决分数计算，倍数知识的应用是必不可少的。

再来看一道题：

$$\frac{2}{5}\times\frac{1}{4}=(\quad)$$

约分时要用到约数的概念，2 和 4 的最大公约数是 2，将 2 和 4 分别除以 2，就得到了新的算式。

$$\frac{2}{5}\times\frac{1}{4}=\frac{1}{5}\times\frac{1}{2}=\frac{1}{10}$$

这里运用的因数概念，也是我们解决分数题目必不可少的。

因此，如果孩子的分数计算不好，家长和老师不用强制孩子把注意力全部放在分数阶段，而是要跳到之前学过的因数和倍数关系，找到问题的症结，才能对症下药。

所以，从这些最基础的计算当中，我们都可以感受到，五、六年级任何一个知识点，都可以看作以前内容的综合。

## 方程思想

一个孩子方程学得好不好，验证了他小学阶段在数与代数这个环节的学习方法是否正确。如果孩子方程学得好，就证明他以往学习数学的思路是正确的；如果孩子方程学得不好，很可能孩子的学习道路已经走偏了。可以说，方程问题是一块检验孩子一到五年级数学学习模式的试金石。

在解决方程问题的过程中，最核心的是两点：一是用字母表示数；二是解方程，也就是方程中的计算。只有把这两点做好了，才能正确地列方程、解应用题。

### 用字母表示数

下面是一道五年级的考试题目：

> 3 个连续的自然数，最小的是 $a$，问后面两个数分别是多少？

很明显，这道题考验的就是孩子用字母表示数的能力。我的学生中，有一个孩子的答案是 $a$，$b$，$c$，这就是一种典型的直观思维。在英文字母表里，$a$，$b$，$c$ 是连在一起的，孩子想当然地认为 $a$ 后面就应该是 $b$，$c$。

但在数学思维中，$a$ 是一个抽象的概念，它代表一个未知数。

要明白这个道理，就得通过演绎和归纳。

演绎就是举例子，比如“三个连续的自然数”，就可以举例：3，4，5；7，8，9；10，11，12。

归纳就是从众多例子中找出一个规律，从三个连续自然数中找出规律，即不管第一个数是几，第二个数都比第一个数大 1，第三个数都比第一个数大 2，这就是演绎和归纳的过程。

最终得出结论，如果第一个数是 a，那么后面两个数就是 $a+1$ 和 $a+2$。

很多家长对演绎或者举例子的方法嗤之以鼻，认为这是自家的孩子总结能力不行，找出的笨拙的方法。但其实举例子才能让孩子直观地理解抽象的数学概念，要先演绎后归纳，而不是直接把归纳好的答案扔给孩子，让他记下来。这种方式看似高效，但实际上孩子并没有真正掌握这个知识点，下次只要换道题目，孩子还是不会做。

我们将上面的题目做简单修改：

3 个连续的自然数，中间的数是 $a$，问前一个数和后一个数分别是多少？

再次进行举例，假设 3 个连续的自然数分别是：3，4，5；7，8，9；10，11，12。

找出规律来了吗？不管中间的数是几，前一个数都比中间的数小 1，后一个数都比中间的数大 1。

这时，问题的答案已经很明显了，三个数分别是 $a-1$，$a$，$a+1$。

一些家长可能会说，考试时演绎太耽误时间了。但是大家要明白，学习和考试其实是两件事：学习需要不断试错，经过大量演绎从而明白数学的概念，考试则是用自己通过演绎和归纳得出的方法来答题。学和考的不同，也决定了老师和家长在教育中的不同职责。

老师的职责是引导和鼓励孩子从演绎跨越到归纳，而家长要做的是当孩子在演绎的时候，不要去搞破坏、打断他，更不要去否定和轻视他。

### 解方程

小学阶段的方程都是通过“等式的性质”来计算的。

何谓“等式的性质”？这里，我用演绎的方式来告诉孩子。比如，这是原来的式子：

$$2=2$$

我们在这个式子上进行一些简单的加减乘除。

两边都加上 3：

$$2+3=2+3$$

两边都减去 1：

$$2-1=2-1$$

两边都乘以 5：

$$2\times5=2\times5$$

两边都除以 2：

$$2 \div 2=2 \div 2$$

我们发现等号的左边进行了加减乘除，右边也进行一样的加减乘除，这个等号依然成立。明白这个逻辑之后，让我们进入具体的方程求解：

$$x+2=3$$

这个式子如果左边减 2，右边也减 2，这个等号依旧成立。

$$x+2-2=3-2$$
$$x=1$$

所以，解方程的方法就是通过上面演绎的等式的性质得来的。方程中更为复杂的加减乘除计算，其实都可以分解成若干个这样的步骤。

如果孩子在解方程的时候出现了问题，那么我们一定要还原到最基础的等式性质中进行训练。

## 空间综合

到了五、六年级，空间的内容由原来的平面图形变成了立体图形。面对立体图形问题时，我们一定会用到平面图形的知识，这也是空间问题综合性的体现。

当孩子求长方体的棱长和（所有棱的长度的累积）时，需要用到长方形周长的知识。如果孩子对周长环节理解很透彻，这样的题目很快就能做得出。

又如，求长方体的表面积（所有面的面积的累积），需要长方形面积的知识来做基础。

还有求长方体的体积，这是新的内容。

我们需要借助教具辅助孩子理解，可以准备一些正方体小块堆成长方体。把这个长方体比喻成一幢楼房，一个小方块就是一间房子，“长 × 宽”是一层楼房房间的数量。要想计算整幢楼的房子数量，只需要再乘以楼房的层数，也就是“长 × 宽 × 高”。这样，长方体的体积就算出来了。

教导孩子时，要用孩子理解的方式教，而不要让孩子死记硬背。把数学知识改编成一个小故事，更便于理解。

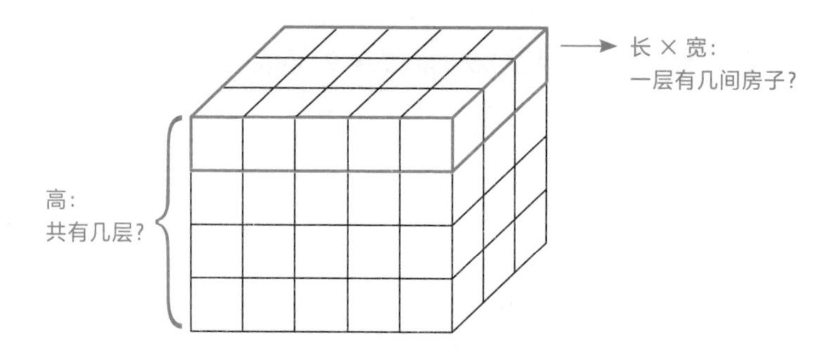


## 思维综合

所谓“思维综合”，指的就是在做题的时候需要运用多重思维来解决问题。比如这道题：

一项工程，甲单独做 20 天完成，乙单独做 12 天完成。甲乙合作，中间乙休息了几天，最后 10 天完成。求乙休息了几天？

解题分析：

解这道题，第一步运用的就是定锚思维。看到“一项工程”，当不知道具体工程量是多少时，就把工程总量定为单位 1。

第二步是转化思维，把工作时间转化为工作效率。“甲单独做 20 天完成”就意味着甲每天能完成工作总量的 1/20，“乙单独做 12 天完成”就意味着乙每天能完成工作总量的 1/12。

第三步考验的是互补思想：“中间乙休息了几天，最后 10 天完成。”很多人在这个环节上，总是把目光锁定在乙身上。但是换个角度想，这说明乙休息的这段时间，甲还在继续工作。也就是说，不管乙是否休息，甲这 10 天内是没有休息的，那么就可以把甲的工作总量先算出来，也就是 1/20 × 10=1/2，所以乙的工作总量就是 1−1/2=1/2。

所谓“互补思想”，就是当已知一部分的时候，同时也要考虑到另外一部分。比如这里，当你要计算乙的工作量时，还要考虑甲的工作情况。

第四步就可以计算乙的情况：甲完成 1/2，剩下的 1/2 就是乙的工作总量，而乙每天能完成 1/12，所以乙工作的天数就是 1/2 ÷ 1/12=6（天），也就是乙干了 6 天，因此乙休息了 10−6=4（天）。

通过上面的步骤大家可以看出，到了五、六年级，一道题目就考查到了孩子的定锚、转化、互补等多种思维和数学思想，这就是我们所说的思维综合的含义。

我经常和家长分享一句话："教育就是因果关系。"对于小学数学来说，高年级的"果"都源自低年级的"因"。所以，当孩子在高年级遇到问题时，我们可以去找低年级的相关知识进行复习，查漏补缺。

# 初中的孩子，如何提高解题能力

初中是九年义务教育的最后阶段，这个时期，孩子已经基本获得了自主学习能力，不需要家长过度参与。而之后的高中阶段，学习难度继续提高，我也相信绝大部分家长即便学历很高，面对高中数学时也难免有力不从心的地方。所以，我们把初中内容作为“家长懂数学，孩子爱数学”最后的学习阶段。

我把初中孩子的数学学习比作一棵树，可以大致分为三个部分：树根、树干、树叶。

树根是概念辨析和公式定理；树干是常见方法、基础题型和经典结论；树叶对应的就是具体的题目。

初中的数学题目看似千变万化、千奇百怪，但它们都是从底层的数学模型中衍生变化而来的。就像每一片树叶虽然都独一无二，但它们的营养物质都来自树根和树干，树根和树干决定着树叶的样貌。正确的教育方式应该是把注意力集中在树根和树干的部分，即知识和方法上，因为这两个部分做好了，树叶部分（题目）自然就会很好地发育成长了。当孩子深刻理解数学的底层定理和常见方法后，面对千变万化的题海自然能得心应手。

所以，家长或者老师不要总是给孩子讲难题。只要他的基础打扎实了，难题自然就没有那么难了。但是，如果孩子的基础没打好，再怎么逼着他做难题都没用。

初中数学有三大分水岭：刚上初一的有理数，初一、初二衔接的几何证明，以及初二开始学习的函数。为了让大家更好地理解，接下来，我将这三大模块分别放在树根、树干的部分进行演示。

## 树根：概念辨析和公式定理

### 第一个模块：有理数

第一个模块出现在初一上册的第一单元，就是数的拓展——有理数的学习。

有理数的本质就是将负数引入孩子的计算体系，在此之前的整个小学阶段，孩子几乎没接触过负数的概念。但是，到了初一就要开始学习负数的加减乘除，如何才能让孩子学好这部分知识呢?

第一步，先给孩子讲解生活中能理解的正负数概念，比如把正数比作火，把负数比作水。

3+2 就是“3 把火 +2 把火 =5 把火”，所以 3+2 答案是 5。

（−3）+（−2）就是“3 滴水 +2 滴水 =5 滴水”，因为水表示负数，所以 5 滴水应该表示为“−5”。

（−3）+2 就是“3 滴水 +2 把火”，用 2 滴水浇灭 2 把火，互相抵消，那么还剩 1 滴水，水又表示负数，所以结果是“-1”。

通过这种方式让孩子理解正负数的加减规律：同类的东西相加就是叠加，不同类的东西相加就是抵消。

第二步是基于上述的理解，去记住下面的计算法则。

正负数加减的计算方法，课本上是这样写的：同号两数相加，取原来的符号，然后把绝对值相加；异号两数相加，取绝对值较大的符号，然后用较大的绝对值减去较小的绝对值。

这样的纯数学理论，直接给孩子讲，他肯定无法理解。但通过第一步的“水与火”举例后，孩子会明白正负数的关系。这时，再来学习专业的数学理论，基于理解的记忆才能解决更高阶的数学问题。

第三步是用上述方法解决难题，比如下面这个异号分数相加的式子：

$$-\frac{3}{5}+1\frac{3}{4}=(\quad)$$

先判断最终符号，负的只有$\frac{3}{5}$，而正的有 $1\frac{3}{4}$，明显正数更多，所以结果为正。但是，正数里要拿出$\frac{3}{5}$和前面的负$\frac{3}{5}$进行抵消，这样的话 $1\frac{3}{4}$就减少了$\frac{3}{5}$。最后通过通分计算出得数：$-\frac{12}{20}+\frac{35}{20}=\frac{23}{20}$。

以上三步流程其实就是一个“演绎—归纳—理解—应用”的过程，从一个个简单的具体示例得出共通的结论，再去解决复杂的问题，这就是探索本质的学习过程。

## 第二个模块：函数

函数，初中生此前从未接触的概念。简单来说，想掌握函数，其实只要做到两件事：一个是理解概念，另一个是明确分工。

课本上函数的定义是：一般地，在一个变化过程中，如果有两个变量 $x$ 与 $y$，并且对于 $x$ 的每一个确定的值，$y$ 都有唯一确定的值与其对应，那么我们就说 $x$ 是自变量，$y$ 是 $x$ 的函数。这个定义不要说孩子了，很多成年人也看不懂，所以学习函数，首先就是要理解这个概念。

需要注意的是，函数和整数、分数、小数这些数不一样，函数不是某种“数”，而是指一个过程。

我在教初中生函数的时候，会把它比作水果加工厂：

假设有 a、b 两个水果加工厂，a 工厂生产果汁，b 工厂生产干果。我们把苹果、梨、杧果送到 a 工厂，生产出来的对应产品就是苹果汁、梨汁、杧果汁。把这些水果送到 b 工厂，生产出来的对应产品就是苹果干、梨干、杧果干。

在这个例子中，一共有三个要素，分别是：原材料、加工过程、产品。原材料有苹果、梨、杧果。生产过程有两种：制作果汁和制作干果。原材料和生产过程这两个要素，将决定我们能生产出什么样的产品。把上面的例子变成函数表达式，孩子就会更好地理解函数。比如：

$$y=2x+1$$

将 $x$ 看作例子中的原材料（苹果、梨、杧果），当我们输入一种原材料 $x$ 时，加工过程就是先给原材料乘以 2 再加 1。这时候，我们就产出了这个工厂的产品 $y$。

比如，当原材料为1时，经过生产过程“$2\times1+1$”，产出的结果就是3；当原材料为2时，经过生产过程“$2\times2+1$”，产出的结果就是5。以此类推。

在以上这个生产过程中，原材料$x$可以改变，叫作“自变量”，产出产品$y$随着原材料的变化而改变，叫作“自变量对应的函数”。

回到例子中，苹果汁就是苹果的函数，杧果干也是杧果的函数。只是它们的原料不同，经历的生产过程也不同。

初中学生刚接触函数这样一个全新且复杂、庞大的知识体系，让他按照书面定义的思路去学，很难成功。如果按照上面的方法来介绍，会让他理解得更加直观，这也是借助“演绎”帮助孩子理解函数的概念。

理解函数的概念后，还需要注意的一件事就是明确分工。初中学到的函数有限，比如：

一次函数：　$y=kx+b\ (k\neq0)$

反比例函数：　$y=\dfrac{k}{x}\ (k\neq0)$

二次函数：　$y=ax^2+bx+c\ (a\neq0)$

这类函数知识点应该怎么教学生？

其实只要搞清楚一件事，就可以攻破函数的难点——不管是哪个函数，一定要搞清楚$x$、$y$以外的字母，它们起到什么作用。

比如，“$y=kx+b\ (k\neq0)$”中的“$k$”决定了这条直线是往上走还是往下走，“$b$”决定了这条直线的位置是高一点还是低一点。又如，“$y=ax^2+bx+c\ (a\neq0)$”中的“$a$”决定了抛物线开口是向上还是向下，“$a$”和“$b$”共同决定了函数的位置是偏左还是偏右。

所以，函数教学的第一步是教学生理解概念，第二步是教学生每一种函数中除 $x$，$y$ 以外的字母影响了函数图像的什么特征。只要把这两个问题搞清楚，学生对于函数的基本认知就全面了，后面学习函数就会变得简单。

最后要告诉各位家长和老师的是，在教师教学理论中，有一句很重要的话——教学过程一定要兼顾量力性与严谨性。

量力性指家长或老师辅导、教育孩子时，要遵循学生的能力发展状态，判断我们所教授的知识是否在学生理解能力范围内。严谨性指某一个数学概念或者数学知识点的定义，是严谨并清晰的，不能出现任何歧义。

众所周知，数学是一门严谨的学科，教科书上的数学概念为了保证传播结果的正确，一定会非常严谨，比如上面提到的“正负数加减”“函数定义”，但这样的文字没有兼顾到量力性。

这个时候，课本和老师要各自发挥其价值：课本保证严谨性，老师保证量力性。因此，我们需要用更加直观、形象的教学，将课本上略显生硬的文字讲解出来。

## 树干：常见方法

树根部分（即知识）的学习比较简单，但是想解答树叶部分千变万化的题目，就需要把树干的部分（即方法）学扎实。

初中阶段一个重要的知识板块就是几何证明，那种需要画辅助线才能解决的几何证明题，往往是初中生最头疼也是最有挑战性的题目。几何证明题中比较典型的题目是在一个复杂的几何图形中，证明两个三角形全等。

让一些家长和老师疑惑的是，孩子明明已经把课本上全等的概念、性质和判定全学会了，但遇到题目还是不会做。这是为什么？

因为孩子只知道理论知识还不够，他们还缺少经典的解题方法或者说解题模型，这就是我们新课标十一大核心概念中提到的“几何直观”。

以经典的“手拉手”模型为例，为帮助孩子更快地识别出图中的相等关系，我总结了六个字“共顶点，红配绿”（本书中，红色用橙色代替，绿色用灰色代替）。

“手拉手”模型指的是，由两个有公共顶点且顶角相等的等腰三角形组成的图形。如下所示：

如图，$\triangle AOB$ 和 $\triangle ODC$ 都是等腰三角形，其中 $OA=OB$，$OC=OD$，且 $\angle AOB=\angle DOC$，连接 $AC$ 与 $BD$。求证：$\triangle OAC \cong \triangle OBD$

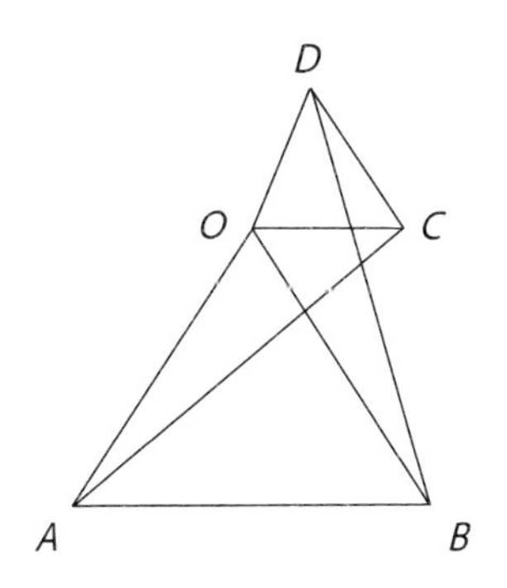


刚开始学习时，孩子很难快速定位图中三角形的全等关系，但现在让我们仔细观察，从这个图形中找出一个最核心的点。很明显，应该是图中的点 $O$，因为点 $O$ 是很多条线段的端点，它就是我们解决几何难题的突破口。

然后用题目告诉我们的线段关系，把相等的线段用“一橙一灰”的方式分别标注出来。$OA=OB$，那我们用橙色标注 $OA$，灰色标注 $OB$；$OC=OD$，那我们用橙色标注 $OC$，灰色标注 $OD$；再用橙色和灰色分别连接出 $AC$ 和 $BD$。

这样，我们就用“共顶点，红配绿”的方法，清晰地识别出了图中的 $\triangle OAC \cong \triangle OBD$，这样就直观很多。

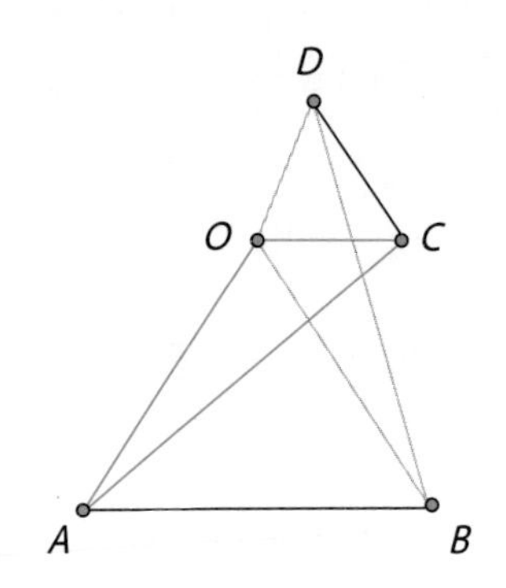


这个案例并不是要教学生们解这道数学题目，而是希望他们明白整个初中全等证明的解题思路：要先定位出全等图形在哪儿，然后再用我们学过的全等相关知识进行判定和步骤的书写。

绝大部分学生学不好这一部分内容，不是因为公式、定理没背全，而是没有具备在图形中获取信息的本领，无法抓住图形最本质的特征。

反之，只要把握住图形中的关键点，整道题目就有了方向，这样题目也会由难变易。

总之，难题的本质是基础题目的堆积，老师要教会学生更好地理解基础知识（树根），更快捷地运用解决问题的方法（树干）。只有在这样的教学启发下，学生才能逐渐培养出独立解决难题的能力。

学生做不出来难题，是因为他之前对基础知识和题目的理解不够透彻，还是我们前面说的那句话，一棵树长得多高，取决于根扎得有多深、树干有多粗壮。做不出难题，先不要纠结于此，先把基础知识点理解透彻，把经典题目做到位，这样的学生就会比其他学生更有机会解决难题。

# 十一大核心概念，帮孩子高效学习

本节是“家长懂数学，孩子爱数学”这一章的收尾部分，我们已经了解了学龄前至初中各个学习阶段，家长辅导孩子数学的方法以及面对数学难题的解题思路。这里我们将学到的数学概念做一个简单整合，帮助家长和孩子明确九年义务教育中学生必须具备的数学思维。

虽然这一部分是本章的末尾，但是它的内容非常重要。它是每一位家长、每一位数学老师，在数学教学之前都应该了解的。但是，这一节的内容往往不被人提及，它往往被紧张的学习气氛和庞大的题量掩盖了起来，是经常被我们忽略的数学教学的底层概念。

教育部制定的《义务教育数学课程标准》中，为学生明确了数学九年义务教育小学阶段的十一大核心概念：数感、量感、符号意识、运算能力、几何直观、空间观念、推理意识、数据意识、模型意识、应用意识、创新意识。

从孩子学习和考试的角度切入，我把这十一大核心概念按照底层素养分为四大模块：

第一个模块是数量感知，包含数感、量感、运算能力；

第二个模块是空间，包含空间观念、几何直观；

第三个模块是逻辑，包含符号意识、推理意识、模型思想；

第四个模块是应用，包含数据意识、创新意识、应用意识。

## 数感

数感可以理解为对数的感知，包括数与量的对应以及数与数之间的倍数、加减、和差等关系。比如：

将 3 这个数字对应到 3 瓶水，判断出 9 比 3 大。这是最简单的数感，也最容易培养。

## 量感

所谓“量感”，就是对于量与计量的感知，量与计量包含长度、面积、体积、质量、时间等，量感不仅囊括了以上所有内容领域，而且更加强调事物的大小关系以及事物的可测量属性。

比如，描述一个公园的面积时，我们大多数情况下用的是公顷，而不是平方千米。又如，一辆卡车的载重，我们通常用的是吨，而不是千克。再如，我们在描述一段距离时，什么样的场景用米，什么样的场景用千米。

这其实都体现了一个孩子对生活中常见测量单位的直观感知。

## 运算能力

在数感和量感的基础上就诞生了运算能力，运算能力差就是数感和量感薄弱的一种表现。

比如，孩子在算 33 加 30 的时候容易算成 36，或者 60 乘以 3 容易算成 18。犯这样的错误就是因为孩子只记忆了计算法则，而忽略了数和量之间的关系。

## 空间观念

空间观念包括基础空间观念、平面空间观念和立体空间观念。

基础空间观念主要是和我们生活中常见的场景相关，比如上下、左右、前后等。

平面空间观念常见的有周长和面积的计算等。

立体空间观念常见的有求表面积、三视图、平面展开图等。

## 几何直观

几何直观指学生在看到一幅几何图时，直接从图形中获取信息的能力。

比如前面的“手拉手”几何模型，很多孩子公式、定理背得都很熟练，却看不清图形的全等关系，画不出来辅助线。这是孩子几何直观弱的体现，可以用前面提到的“共顶点，红配绿”的方法来训练。类似的几何图形间的关系，我们都应该从直观的几何关系入手，再使用公式、定理进行解题。

## 符号意识

其实我们日常接触到的数字、算式，其本质都是人类发明、创造的符号，而且不论是数学这门学科，还是我们的汉字、英文单词，都是人类发明、创造出来用以表示事物的符号。

所谓“符号意识”，指的是孩子能否看懂符号所传达的信息，以及他能否用符号表达自己的思路。

所以在前面的章节中，我建议孩子学习新的符号时，不一定要拘泥于现有的符号，而是让他创造自己的符号，以此来训练他的符号意识。纵观数学发展史，其实就是符号不断演化的一段历史。我们现如今的基础数学教育，其实是让孩子用短短的几年时间，掌握人类几千年学术文明的发展成果。在这个过程中，我们可以提高效率、加快速度，但是一定不能有环节的缺失。而符号意识的建立就是孩子数学基础教育中必不可失的环节，因为它浓缩了人类文明的发展。

## 推理意识

推理能力是一个人逻辑思维的综合体现。所谓“推理能力”，说得通俗一点，就是“因为……所以……”是否能够对应。比如，因为我长得帅，所以我的粉丝多，这是符合我们的逻辑的。但是，如果说因为我长得帅，所以我跑得快，这就违背了逻辑。

科学严谨的推理是一个人学习任何一门科学所必备的底层素养。

我们回顾一下古代，会发现古人大多迷信。那什么是“迷信”呢？其实迷信的本质就是推理能力的缺失。

比如，在古代，一个地方连年大旱，三年没有下一滴雨。这天，张三喝了一壶酒，诗兴大发写了一首诗，正巧这时天降大雨。人们纷纷咋舌，将张三奉为半仙。每当大旱时，人们都叫张三来写诗求雨，这就是迷信。张三写诗和天降大雨只是偶然同时发生，并不具备实质因果关系。人一旦缺失推理能力，就会将偶然和必然进行混淆，因果关系也会混乱不堪。

所有的科学都建立在基础推理之上，对于小学生来讲，推理能力能更好地帮助他们梳理解题思路。对于中学生来讲，推理能力就是他们解题过程中必不可少的“因为……所以……”的过程。

## 模型思想

模型思想的学习从公式开始：把一类问题概括成一个公式，然后再用这个公式去解决这一类甚至更多种类型的问题。

比如，小学阶段有很多关系都可以概括为乘法模型。

已知一个东西的价格和购买的数量，用乘法可以算出总价，即单价 × 数量 = 总价。

已知一个人行走的速度和时间，用乘法可以算出路程，即速度 × 时间 = 路程。

已知一个人的工作效率和工作时间，用乘法可以算出他的工作总量，即工作效率 × 工作时间 = 工作总量。

## 数据意识

数据意识指的是，孩子在学习数学观念以及公式后，他是否有直观分析意识。

比如，孩子学到了中国的国土面积约 960 万平方千米，有数据意识的孩子会想到如下问题：960 万平方千米有多大？它和世界上其他国家的国土面积相比，是大还是小？国土面积比中国大的国家有哪些？它们的国土面积又是多少？

这些问题又可以进一步延伸出其他问题：一个国家的国土面积对这个国家的影响到底是什么？数据意识，最重要的词不是数据，而是意识。

所谓“意识”，就是一个人思考问题的习惯。当一个人具备数据意识时，他思考问题自然就会变得比其他人更有深度，更加喜欢追根溯源、刨根问底。

## 创新意识

创新意识存在于很多知识与题型中，其中非常典型的一类题目就是巧算，即简便计算。

所有中小学阶段的计算，我们都是用列竖式这样非常基础但又略显笨拙的方法来做的。既然列竖式笔算可以解决几乎所有问题，那么我们为什么还要巧算呢？因为巧算在帮助我们思考，在原有的基础方法之上，有没有更新颖、更独特、更高效的解题方案。

正如我经常和大家说的，拉开人与人之间差距的绝对不是每个人都具备的能力，而是有些人具备、有些人不具备的能力。

那么，创新意识毫无疑问就是能够拉开人与人之间差距的一种素养。

因为当别人还在故步自封，用自己原有的认知看待这个世界、解决问题时，你的创新意识正在帮助你逐渐突破自我，突破过去，拥抱未来，探索更多可行性，这才是我们培养孩子巧算能力真正的意义。

很多家长被孩子质问“妈妈，为什么大人能用计算器，我们小孩不能用？”这类问题时，往往不知道如何回答。

当你的孩子提出这样的疑问时，证明孩子接受的计算教育已经出现问题了，家长没有做好创新意识的引导。计算的本质不仅仅是算出得数，而是让我们借着计算这类问题去探索更多解决问题的可能性，而巧算正是我们培养孩子创新意识的切入点。

## 应用意识

应用意识指用学到的知识去解决实际问题。

学会了公式概念、数学原理，就要尝试将这些知识应用到实际生活中，解决实际生活的问题，比如压路机、里程表和寄信等问题。

我们都知道，中国的基础数学教育在全球范围内名列前茅，甚至说是数一数二都不为过。但是，很少有人认真思考，我们基础数学教育如此优秀的根本原因是什么。

在我看来，我们国家基础数学教育如此优秀的根基，就是上述提到的十一大核心概念，因为这十一大核心概念是一套非常完备的教研教学系统。

只有当我们真正理解这些概念与我们日常教学的关系，感悟出它们对孩子未来成长的影响时，我们才能够把理论与教学紧密结合，才能不断通过具体题目去塑造这十一种素养。这十一大核心概念是我们国家基础数学教育宝库中的精华，是皇冠上的明珠。

# 4

# 这些“隐藏习惯”，帮我考上北大

本章开始之前，先澄清几个概念。

首先，很多家长都注重孩子习惯的养成，但是关于习惯，我们似乎有一个误区——绝大部分人都认为好的习惯是标准化的，例如按时做作业、总结错题等。而我想说的是，所谓“好习惯”并不是一个标准化的操作指南。每个人都有自己的学习习惯，比如有的人打草稿特别整齐，有的人就很潦草，但这个习惯和成绩的好坏没有直接关系。

纵观我自己的成长经历，我身上有很多别人眼中的好习惯，但也有不少所谓的“坏毛病”，比如没有错题本、草稿潦草、吃饭磨蹭等，这些并不影响我努力追求优秀的本心。所以，我们千万不要苛求孩子——别人家的孩子怎么做，咱们就一定得这么做。那么，“好习惯”如何界定呢？我认为核心标准就是孩子学习的状态是积极向上的、愉悦舒心的。

其次，本章接下来介绍的“习惯”，都是结合我自身学习经历总结出来的，并不一定适用于每个孩子，家长要结合孩子的实际情况“对症下药”。

最后，如果孩子死活都不愿意接受家长的建议，那么他的问题可能不在学习习惯上，很有可能是学习的情感受损。学习的情感是根，好的习惯一定是好的情感结出的果实。有厌学情绪的孩子，不可能养成良好的学习习惯。所以如果你发现，在学习习惯问题上，和孩子沟通比较困难，那么一定要先疗愈孩子的情感，因为它比好习惯更重要。

明确了这几点，家长对于孩子的习惯培养就会有相对清晰的认知。接下来，让我们一起开启孩子“好习惯”的养成之旅。

# 如何高效预习和复习

## 如何高效预习

很多家长认为预习是学好新知识的必备环节，老师也经常要求孩子主动预习新课。那么，预习的标准如何界定呢?

预习主要分为两种类型：第一类是学期中的日常预习，第二类是假期中的预习。

### 日常预习

日常预习的内容主要是第二天的课程，假期预习的内容是下学期的重要章节和有难度的知识点。预习内容和目标的不同决定了我们的预习方法有所差异。

日常预习要以教科书为核心，要做好三件事：看知识、做例题、提困惑。

一、看知识。

把课本上的内容认认真真看一遍，并且要理解该知识的来龙去脉与核心结论。

二、做例题。

看完知识后，要完成课本上的例题。

三、提困惑。

把这一部分知识的难点以及例题中不明白的环节标注出来，以便第二天上课进行提问。

日常预习只要做到以上三点即可，不必过度准备。例如，有些家长不仅要求孩子把课本上的例题做完，还要求孩子把练习册上的题目也完成。这样过重的负担会破坏孩子的“三感”，只会成为阻碍孩子学习与进步的障碍。

对于家长来讲，日常预习最重要的是家长看待孩子预习的态度，要允许孩子在预习的过程中出现不会的内容。因为孩子还没有学过，所以有很多题目不会做很正常。而有些家长看到孩子不会做例题时，就会急躁，认为是他预习不认真、学习态度不够端正。这样的负面反馈，不仅没有认可孩子预习时付出的努力，反而打击了他的积极性。久而久之，他的能力得不到认可，甚至认为自己不适合学习，为应付家长和老师的要求，发展出抄答案等行为，所以我们要用平常心去看待孩子有不会的题目。当他标记出不会的知识点时，家长应该高兴，因为孩子学会了提问，这样他在第二天听课的时候是带着疑惑和学习目的的，听课效率就会很高。

### 假期预习

接下来，我们聊一聊假期预习。假期预习的最大误区，就是过度追求完整。例如，很多家长会要求孩子把下一学期的内容整本预习，这样的预习非常没有意义。在短短一两个月的假期中，孩子要面对一学期才能掌握的知识点，他很难把每个知识点都理解透彻。

如果预习内容量很大的话，相当于我们把每个章节都变成了“夹生饭”。这种不透彻的学习，学了反而不如不学，因为它会给孩子带来很多困惑以及心理层面的障碍，反而影响他开学后的正常学习状态。

那我们应该怎么办呢?

我们应该抓住重点、详略得当。

比如，小学二年级上学期的学习重点主要有两个：一是九九乘法表，二是多位数加减法。那么，在孩子一年级升二年级的暑假中，家长只需要让孩子预习这两部分内容即可，其他的计算不必过早准备。

又如，初一刚开学的重点内容是有理数和整式。那么，在孩子六年级升初一的暑假中，家长只需要让孩子重点预习这两章的内容即可，其他章节放在开学后学习。

以前，我见过很多课外辅导机构，为了在招生环节让家长感受到辅导内容的全面和系统，会大力宣传自己的机构在假期帮助孩子把下学期所有内容全部预习完成，给家长营造出课程非常划算的感觉，但这其实只是一种假象。

根据我过往的经验，所有试图在一个假期就把一个学期的内容全部学完的行为，全部以失败告终。除了极个别情况外，最终的结果都是孩子学了一假期“夹生饭”，不但没有熟练掌握知识，反而在开学后，各种概念出现了严重混淆。当然，培训机构做出这种行为，家长也要承担部分责任。家长对假期预习理解得不够深刻，才会导致培训机构投其所好，进行如此宣传和教学设计。

## 如何高效复习

最常见的复习方式就是做家庭作业。学生在学校学完之后，老师会通过布置家庭作业的方式，让学生对当天的学习内容进行复习和巩固，所以日常复习只需要完成家庭作业即可。那么，除了家庭作业以外，我们应该怎样进行额外复习呢?

额外复习可以分为两类：整理归纳和考前复习。

### 整理归纳

需要孩子整理归纳的内容有两大特征：一是必考知识点，例如语文的重点字词和成语、英语的常见短语、数学的经典题型等；二是其他学习资料上没有进行整理和总结的知识点。如果孩子购买的学习资料上已经有现成总结好的相关内容，那么我们就不必再进行这项工作了，否则就是重复劳动，浪费时间。

在整理、归纳知识点时，我们需要注意的是，重要的不是结果，而是在整理、归纳时孩子的思考过程。

有些家长和老师看到别人家孩子的笔记字迹工整、知识详尽，于是就让自己的孩子按照别人的笔记进行抄写，这就掉入了整理、归纳的第一个误区——机械性抄写。

所有机械性抄写行为都是最低效的学习方式，最多只能起到告诉自己“我在努力”的自我安慰作用，对孩子学习能力的提升没有任何帮助。学生在进行知识梳理时，需要有自己的思考，也要有对知识进行分类、归纳的过程。我们不能让孩子顺从别人的思考方式，不可邯郸学步，更不可以以惩罚为目的，让孩子进行抄写。当家长惩罚孩子后，表面上孩子把知识抄了一遍，但是抄写内容根本没有进入孩子的大脑，而且这样的惩罚会破坏孩子的学习积极性和亲子关系。

整理、归纳的第二个误区是：对孩子提出揠苗助长式的学习要求。

经常有家长向我抱怨："傲德老师，我家孩子上三年级了，就是不爱自己整理知识点，我该怎么让他养成这个习惯呢？"

每次面对这种问题，我都会哭笑不得。因为一个人独立整理、归纳的能力，基本上要到上初中时才能发展完善。小学阶段的孩子在整理、归纳时，是一定需要家长或者老师进行帮助和辅导的，切不可将整理、归纳这项任务丢给孩子，奢求他独立胜任。

我们想让孩子养成整理、归纳的习惯，最常见的帮助方式是，成年人先将要整理的内容进行分类，然后引导孩子理解分类背后的标准，再让孩子依据此标准进行知识点的整理。

在这里，我想额外提出一点建议：对于小学阶段的孩子，他只要把校内作业按时完成，保证正确率，就已经是很好的学习状态了。整理、归纳这样的环节，我个人建议孩子进入初中后再逐渐训练，过早训练反而容易破坏孩子的兴趣，揠苗助长。

### 考前复习

以我的经验来看，考前复习只要做一件事，就是复习错题。

考试就是对学生某个阶段学习成果的一次检验，最理想的考试结果并不是取得多高的分数，而是一个学生在本次考试中，没有把近期犯过的同类错误再犯一遍。在我看来，"人非圣贤，孰能无过"，所有人都会犯错。但只要我们保证同样的错误不犯两次，就已经远远超越其他人了。

考试考查的核心能力只有两点：一个是总结能力，另一个是探索能力。

总结能力指的是我们对于以前做过的题目的整理、归纳、反思，这可以通过看错题来保证。而探索能力是依靠前文所说的思维的提升来进行提高的，所以看错题占据了考试成绩的半壁江山。

那么，我们该如何复习错题，并最大限度地借助看错题取得学习进步呢？下一节，我将详细为大家讲解应对错题的具体方法。

# 错题本，绝大部分人都用错了

本节，我们要探讨一个很有争议的话题：错题本到底怎么用？

我个人的观点可能与绝大部分老师或者家长不太相同，所以我希望所有读者在读本节内容时，能够抱着求同存异的心态，根据自己的情况酌情采纳。

## 错题本真的是必需品吗

不知从何时开始，几乎每门学科的老师都在推荐甚至要求孩子有一个错题本，并且要求孩子把错过的题目整理在错题本上进行改正，甚至有老师要求孩子整理之后，再写一些错误后的反思感言。这种行为看起来非常细致。

但是，我想问大家，真的有必要这样吗？

我看到很多家长逼着孩子整理错题本，老师也不断强调错题本的重要性。但是据我观察，绝大部分孩子都不愿意把错题整理在本上。即使勉强完成摘抄和订正，他们之后也几乎不会拿出来复习和巩固。

这个矛盾的根源在于，老师和家长通常认为错题本可以让改错更有针对性，提高学习效率。然而，我们却忽略了孩子在完成这项任务时的内心感受和真实体验。

我们不妨把自己当成学生设想一下：我每天要在学校学习很多新的知识，放学后还有很多课后作业要完成；当我终于把课后作业做完后，还要把今天上课做错的题目完整地抄写在本子上。抄写本身就耗费大量时间，抄写完成后还要再做一遍，而且这一遍做题不允许有任何错误。因为我是在改错，改错的时候如果又犯错，那么我的父母和老师一定又会批评我。当我承受着很大的心理压力，把错题抄完、做完后，还需要再写错误的原因、心得、总结，甚至有时候还有字数要求……

各位家长想象一下，这个过程对于孩子来讲，是多么琐碎和机械。

当我们完成了以上这些形式上的改错之后，心里早已丢失了对错误根本原因刨根问底的热情。而且，我相信你也感受到了，这一系列烦琐的操作并没有帮助孩子提升学习能力，反倒浪费了孩子巨大的精力，耗费了大量的时间。这种情况就是典型的、俗话说的“费力不讨好”。

有的家长会反驳：“我们家孩子就是懒，他有的是时间，就是不愿意去做这件事。”

面对持这样观点的家长，我想说，你可能忽略了一点：你的孩子或许有足够的时间去完成这件事情，但是他是否有足够的精力去完成这件事呢？人的精力是有限的，我们把精力比作一节电池，孩子平时学习和做作业就是一个“耗电”的过程，当他完成作业以后，基本已经处于“没电”的状态了。这个时候，如果还要让他做费力不讨好的事情，他的内心一定是抵触的。一块没电的电池，就算有再多时间，又有什么用呢?

想象一下，你在完成一天9小时的工作后，你的领导还要让你额外做一些没有意义、空有形式的工作，你会欣然接受吗?

如果我们只是把改错定义为“拥有错题本”这样一种形式的话，那么这一定会引起孩子对于改错的抵触。而且，这样错误的引导还会带来其他副作用，使孩子容易养成其他“懒”的毛病。

## 错题本养成的“懒毛病”

第一个“懒毛病”是让孩子过分执着于错题本，陷入低效能的盲目努力。

这种情况在那些所谓“听话”的孩子身上，尤为明显。如果家长和老师的要求不够专业，孩子又过于听信于大人，就算费力不讨好，他也会为了完成大人的要求，硬着头皮去把错题本做得完善而精致。这样做的结果就是，明明2分钟就能复习、巩固完的知识点，孩子非要花10分钟进行抄题、解答、反思才能解决。久而久之，他不仅没有获得好成绩，还会进一步认为自己还不够努力，更加拼命地把时间放在形式主义上，从而陷入恶性循环。

第二个“懒毛病”是会对家长产生过度依赖。

有的家长为了给孩子准备错题本，亲自把题目抄好，列好提纲。为了给孩子省时间，只让孩子写答案，这其实是一种父母代劳的行为。久而久之，孩子遇到很多问题都指望父母来帮忙，失去了主动思考的习惯。

## 我应对错题的方法

以上是我认为的错题本存在的诸多弊端，究其根本，是我认为错题本只是一种形式。过分拘泥于整理错题这种学习方式，就是一种学习中的形式主义。是否拥有一个错题本不是最重要的，问题的核心在于我们对于错误的处理方式，以及我们是否可以从错题中补足自己的缺失。

在我的学生时代，我从来没有用过错题本，但是我依然可以做到犯过的错误不会出现第二次。在这里，我把自己当年的方法推荐给大家，这个方法其实非常简单，就是“画星星”。

首先，我会准备一些文件夹，然后把做过的所有试卷按照章节顺序分类放在文件夹不同的夹层内。在练习册和所有试卷的错题前，我用红笔标注出不同数量的五角星：

☆——粗心大意犯的错，或者掉进易错题的陷阱里，一颗星。比如，小数点没有后移、没有进行单位换算等，明明可以规避，却一不小心忽略的问题。

☆☆——老师曾经讲过，但是自己做题时印象模糊而犯错的题目，两颗星。

☆☆☆——整道题或者某一个关键环节完全没思路的题目，三颗星。

对待一颗星的题目，主要是在考前翻阅，进行备忘。

对待两颗星的题目，就把老师当时讲这道题的推理过程再重新梳理一遍。所有数学题目的忘记都是因为没有理解前因后果的推理，反之，我们只要理解了前因后果的推理就不会忘记。这就是有些数学老师经常说的："这个结论你不用记，忘了再推一遍就可以了。"

面对三颗星的题目就更简单了，找一位足够专业的老师，请他帮忙清清楚楚地讲明白。

在考前复习时，我会把这些试卷和练习册拿出来，按照以下三步复习。

第一步，找到标注星星的题目。

第二步，盖住题目原有答案，思考一下自己当时为什么犯错，以及正确答案是什么。

第三步，对比一下现在的思路与正确思路是否吻合，如果正确，整道题就复习完成了；如果还是错误，可以在这道题后面再次进行标星，提醒自己下一轮复习时继续研究这道题目。

以上就是我自己在学生时代用来解决错题的小技巧，我用这种方法节省了大量抄错题的时间，把几乎所有注意力都放在了解决错误上。正是这样的学习方法，帮助我在每一次考前复习中都更好地反思了自己犯过的错误，杜绝了下次犯同样错误的可能性。

养成真正好习惯的基础，是好的学科情感。我之所以有这样标注题目的好习惯，就是缘于我对学习和思考拥有好的情感。只有对学习抱有好的情感，才会自发性地去探寻更高效的学习方法。反之，如果孩子的学科情感被破坏，就算我们把好的学习方法摆在他面前，他也会拒绝使用。这个时候就不要把重点放在如何给孩子培养学习习惯上了，而是要从孩子的“三感”上找原因，想一想他心理的创伤究竟是什么，是如何引起的，应该如何修复。

教育孩子要从“人”和“事”两方面出发，当你发现他的“事”总是无法完成或者做得不好时，就把视角放在“人”上面，人格健全的孩子心灵才能健康，才能把精力放到学习上。

# 检查，真的是必备技能吗

检查作业一直以来都是家长和老师特别重视的一项学习习惯。很多成年人认为，孩子只有学会检查、习惯检查，题目完成后再仔细检查一遍，才能获得好的成绩。

我也经常听到很多家长反馈，孩子因为不检查而出现失分情况。那么，困扰家长和孩子的“检查”习惯的本质究竟是什么呢？为什么有的孩子会很认真地检查，而有的孩子却不愿意检查呢？

本节，我将和大家探讨“检查”的相关内容。

## 为什么孩子不喜欢检查作业

经常有家长对我说，孩子做完作业不喜欢检查。明明只要他检查一下，很多错误就能纠正过来，题目的正确率也会提高。

检查这个行为不是数学一门学科的问题，语文、英语、物理等学科都需要检查。要想孩子科学地、高效率地检查作业，家长就要明白检查这一行为背后的深层逻辑。

检查背后隐藏的其实是一个经济学概念。经济学的两大要素就是成本和收益，商业的底层逻辑是低买高卖——以更低的成本买进来，以更高的价格卖出去，从中获得差价，没人愿意做赔本的买卖。

检查的规律，其实和成本收益的规律是一样的。

检查所付出的成本，是我们所花费的时间、精力等。那么，当我们付出了成本后，得到的回报是什么呢？我们得到的回报，就是对错误的纠正。

“利益大于成本”这种意识早已刻进了人类的潜意识，成为人类与生俱来的共识。对于孩子的学习也一样，孩子不愿意检查的根本原因，是他们认为，他们所付出的劳动（检查耗费的时间、精力等），远不及他们获得的收益（改正错误后得到的好处）。

我们来换位思考一下，孩子上了一天课，很辛苦，回到家还要“加班”写作业。好不容易作业写完了，终于可以休息一下，这个时候家长还要求他把作业检查一遍。而且，检查的手段极其单一，绝大部分孩子只能把做过的题目重做一遍，这样孩子难免会产生抵触心理。

而且一般情况下，即便孩子真的把作业检查一遍，查了 50 道题，可能检查出的错误连 5 个都不到。也就是说，他付出了重新做 50 道题的劳动“成本”，只换回来不足 5 处的纠错“收益”，也没有什么额外的激励。再加之，有时孩子检查出了错误，反而要接受家长的唠叨和批评。这样的收益回报对他来说是极其“不划算”的。所以，孩子不愿意检查作业是正常的反应，不用过多苛责。

假想一个成年人工作的情景：你每天六点下班，某一天五点半的时候，你已经把所有的工作都做完了。这时候，你放松下来，开始憧憬下班后的生活。结果五点四十的时候，领导过来对你说："先别急着走，把今天的工作重做一遍，没有加班费。"这时候，你的心情是怎样的？

我相信，绝大部分人都会很沮丧甚至气愤，因为这样的事几乎就是我们所说的无用功。

讲到这里，一定会有家长问："不检查，那孩子做错了怎么办？"

我的回答是，我们大人要帮助孩子找到正确的检查方法，而不是一味地提出要求。

## 正确的检查方法

综上所述，检查就是一台对比"收益"与"成本"的天平，对待检查，正确的思路只有两种：要么提高收益，要么降低成本。

在这里，我们举一个提高收益的典型例子。如果你仔细观察，就会发现很多孩子做日常作业时不喜欢检查，但是考试的时候会检查。在这种情况下，孩子的学习习惯并没有太大改善，检查能力也没有显著提升，但孩子愿意积极主动地做检查。这仅仅是因为在考试中，纠正一道题的错误所带来的收益要远远高于日常作业中检查的回报。

但是，这种"提高收益"的方法有很大的局限性，我们不可能把每天的作业都变成一场考试。所以，我认为平时让孩子养成好习惯的有效方法，就是降低检查成本。也就是说，让孩子找到更快捷、更好用的方法，发现自己的错误。

我们以一道五年级的数学算式为例：

$$1.25\times0.8=(\quad)$$

几乎所有孩子都知道 125×8=1000，但一旦添上小数点，他们就会把乘积的小数点点错。1.25×0.8 到底是等于 10，是 0.1，还是 1 呢？这种题目很容易出错。当我们在检查这样的题目时，可以有不同的策略。

**小数乘法法则**

先写出 125×8=1000，然后数一数原来的算式 1.25×0.8 的乘数中共有几位小数，数出来有 3 位小数。那么，我们就可以将 1000 的小数点向左挪动三位，将 1000 变成 1。

**估算**

一个数与 0.8 相乘的结果，要比这个数小，并接近这个数。所以 1.25×0.8 的结果，应该比 1.25 小，但又接近。在 0.1、1、10 中，1 最合适。

当你让孩子去检查 1.25×0.8=（　　）时，是列竖式检查更简便，还是采用上述技巧更简便？我相信你已经从以上场景中得出答案，显然是后者，这就降低了检查的成本。

我们再来看一个例子：

> 甲和乙一共有 40 个苹果，甲的苹果数是乙的 3 倍，问甲和乙各有多少个苹果？

这道题的答案是，甲有 30 个，乙有 10 个。

那么，家长可以引导孩子把两个答案加起来，看看甲的苹果数和乙的苹果数的总和是不是 40 个，也可以看看倍数关系——甲的苹果数是不是乙的苹果数的 3 倍。

通过逆向的检查方法，可以帮助孩子换个角度思考问题，拓展孩子的思维。相比同一个思路、同一种方法重新算一遍，从后往前推的逆向思维就简单、有效多了，而且避免了重复劳动带来的倦怠感。

有些家长一定会问，我家孩子不会这些技巧该怎么办？

我的答案是，技巧不是与生俱来的，都是孩子在后天学习中不断积累学来的。降低孩子检查所付出“成本”的最有效的方法，依然是提升孩子思维的敏锐度和活跃度。

当一个人思维足够敏锐和活跃时，他就可以用不同的方法和策略解决同一个问题了。简单来说，最低效的方法就是按照原有方法将题目重做一遍。而真正高效的方法是，寻找其他思路，用更加快捷的方法去检验自己所做的题目是否有问题。

## 关于检查的其他思考

除了以上提到的检查本质以及好的检查方法外，这里我想再说几点关于检查的其他思考。

### 第一，平时太依赖检查，大考容易有闪失

一些孩子平时的学习成绩很好，做作业和考试时都要从头检查一遍，用时间和精力保证了高的正确率。但是时间一长，孩子就会对检查产生依赖，认为自己成绩好是因为好好检查了。这种靠检查获得的安全感，一旦考试时间紧迫，来不及检查，给孩子带来的心态问题是难以想象的。

越是大型考试，留给孩子检查的时间就越少，孩子被时间的紧迫感影响考试状态的可能性就越大。我们都知道，考场上最重要的是一个人发挥的状态。如果因为依赖检查影响了考试状态，那就得不偿失了。

之前有个家长就向我反映过这种情况。她的孩子在小升初考试的那天，是哭着从考场走出来的。当时，这位妈妈吓坏了。因为孩子从小学习成绩就非常优秀，每次考完试，她都是一种轻松的状态，从来没见过她哭着从考场走出来。

询问原因后，孩子哭着说："完蛋了，这次数学考试特别难，我后面 3 道题都没做完，前面做完的题也不知道对不对。一开始，前面我还做一道题检查一遍，结果发现时间根本不够，后面的题目都没检查……"

这个孩子的考试状态是极其匆忙、焦虑的，过度的神经紧绷必然会导致考场发挥失常。这就是一个典型的依赖检查的情况。

### 第二，如果孩子平常经常犯错，那么重点就不在于检查，而是要思考"为什么一次没做对"

孩子总出现错误，无法一次做对，往往是因为他在思考问题的方式以及经典题型的解题方法上存在漏洞和缺失。

而检查的过程并不会提升孩子的能力，补足孩子知识上的漏洞。就像一个人如果身体有问题，不管体检多少遍，都不会康复一样。如果孩子的自我能力没有提升，不管检查多少遍，他都无法意识到一道题错误的原因，

这就是自我检查的盲点。所以，反反复复地检查，是一种高能耗、低效率的学习方式。

家长不要把注意力一直放在督促孩子检查上，而是要引导孩子思考为什么没有一次就做对，是不是解题方法存在漏洞，或者是理解上出现偏差，找到犯错的原因比检查更重要。

### 第三，不要强迫孩子检查

如果孩子有检查的习惯和动力，就顺其自然；如果没有，甚至很排斥，就不要强迫他。

我小时候做完作业从来不检查，因为第二天老师会讲题，做错了再订正，下次做题时注意，不去做重复的低效率劳动。

与平时作业相对的，我考试时有额外的时间肯定会检查，没有时间就不检查了，比检查更有效、更轻松的方式是做到一次就对。

检查或者不检查，不会影响孩子最终能达到什么高度，并不是说从小检查了就能保送北大、清华，不检查这辈子就完了。

我们还是要回归到前面提到的冰山模型“三感”的建立和思考上的“三步法”和“六步法”的引导。这些做好了，才能真正帮助孩子提升能力。

# 孩子拖延，真的需要时间管理吗

“孩子做作业总是磨磨蹭蹭，小动作比较多，不是搓橡皮就是玩尺子，明明十几二十分钟就能完成的作业，非要一两个小时才能写完。就连日常生活中的吃饭、洗澡、睡觉都利索不起来。”

这一类话题是我被家长问到的最多的话题，也是这一节要跟各位家长探讨的问题。如何解决磨蹭的问题，换句话来说，就是如何进行时间管理。所谓“时间管理”，就是高效地利用时间，在同样时间内完成更多的事。

为了让孩子不再磨蹭，做好时间管理，家长们煞费苦心，上网查询那些看似专业的方法，比如“计划清单表格法”“四象限法则”“甘特图”“打卡记录”“碎片时间清单”等。虽然这些方法各式各样看似周全，但真的实施起来，大多都不管用。

在本节中，我会针对家长描述最多的三种磨蹭拖延场景，为大家进行分析、解读。

## 回家先玩不先学，本质是对疲劳的调节

要想解决孩子磨蹭的问题，我们就要先明白孩子磨蹭、低效背后的根本原因。

家长们常常问我同一个问题：“孩子一到家，不是玩玩具，就是看电视、玩手机。明明先做完作业再去玩，会玩得更加开心，非要拖到很晚才去做作业，怎么说都没用，怎么办？”

面对这种问题，先别急躁，试着换个角度看问题。

孩子上学其实就相当于我们成年人上班。孩子上完一天课，回到家还要做作业，相当于成年人忙碌了一天，下班后还得加班。这个时候，你觉得孩子的感受是怎样的？

一个人经过一天8～9小时的忙碌工作后，肯定会觉得疲劳。这个时候，我们如果无视孩子的疲劳，一味地命令他埋头做作业，无疑是不讲人情、不讲道理的。正常人的反应肯定是希望先休息一会儿，再去工作。

很多家长也明白这个道理，知道孩子在学校一天也挺累，但为什么还是控制不住自己的情绪，总是希望孩子一回家就开始写作业呢？因为家长虽然知道孩子累，却没有设身处地地去共情，他们没有真正感受到孩子一天下来的情绪和状态。

请各位家长把孩子的学校生活代入工作中。上班时，我们可以偷偷开小差，也可以吃零食、和同事聊天，不会有领导批评我们注意力不集中、走神儿、影响其他同事，更不用担心自己表现不好被叫家长。但是，孩子如果表现不好就会被批评。一整天不开小差对于成年人来说都稍显苛刻，

更别说稚嫩、弱小，压根儿不会调节情绪的孩子。

所以，下次当你下班推开家门，看到孩子放学后没有做作业，而是先看电视或者玩游戏时，你要告诉自己他在休息，他现在的休息是为了稍后更好地完成作业。如果你这时贸然破坏他休息，其实就是在破坏他稍后学习的状态。

## 做作业时的小动作，是缓解压力的方式

有的孩子做作业的时候，做着做着就开始有各种小动作。在我看来，这其实是一种疲劳调节的方式。因为他在一个封闭的环境里，在全神贯注地解决学科问题的时候，其实也耗费了大量的精力。在这个过程中，他难免也需要缓解一下紧张的状态。

这就像赛车在跑道上跑了几圈后，需要进站更换轮胎。因为轮胎在这种高速、高压状态下磨损巨大，需要及时更换，否则可能会发生事故。孩子也是一样的，他在做作业过程中的小动作，就像赛车在换轮胎。如果家长觉得做这个动作是浪费时间，并予以阻止甚至呵斥，就相当于让磨损巨大的轮胎承载着高速行驶的赛车继续飞驰，结果很可能就会出现意外事故，得不偿失。

有的家长可能会吐槽："那我们家的孩子'换胎'也太频繁了，没做一会儿作业，就开始有小动作。"遇到这种情况，家长该怎么办？

这个问题背后的原理在于孩子对时间的感知和成年人不同。

同样的五分钟，成年人感觉一转眼就过去了，但是孩子却感觉很长。孩子所经历的时间相对成年人较短，所以同样的一小段时间在他人生中的

比重要远远高于成年人。家长眼中的孩子作业才写了“一会儿”是从成年人的视角来看的，而在孩子看来，这里的“一会儿”可能意味着比较长的一段时间了。在这段时间内，孩子已经付出了大量时间和精力，需要通过“磨蹭一会儿”来休息、调整一下。

家长需要给孩子一定的自由空间，不要过早干涉或切入孩子的疲劳调节。孩子从写作业到做小动作再到写作业的过程，就是他学习的自主感建立的过程。他会觉得“我可以主导自己的学习”，家长可以借此培养孩子的自主感。

以上这些情况，都是比较轻度的磨蹭现象。在这些情况下，家长尽量不要去干涉孩子，因为绝大部分家长在孩子磨蹭时，做出的干涉往往是批评、指责、唠叨、比较、贬低等。这种干涉会极大地破坏孩子的“三感”，即除了上面提到的破坏孩子的自主感外，还会破坏孩子的关爱感和能力感。久而久之，孩子会把外界贴给他的标签内化为自身的属性，反而会放纵自己去磨蹭。

## 严重拖延，要情绪和方法双管齐下

以上我说的都是不太严重的轻度拖延。

孩子写作业累了，玩 2 分钟橡皮，这是正常情况。但是，有一些孩子写 2 分钟作业，能玩 10 分钟橡皮。这样的情况已经不能被定性为无须干涉的疲劳调节了，那就需要家长从情绪调节和方法指导两方面帮助孩子。

严重拖延的本质其实是逃避与畏惧。试想一下，如果现在让你去吃一顿大餐，你会拖延吗？大部分人不仅不会拖延，还会非常积极。但如果现在让你去山谷中走钢丝，你还会积极吗？

严重拖延的孩子在面对学习时的感受，就好比我们面对山谷中的钢丝，充满畏惧，一心想逃避。这种时候，家长需要关注的不是拖延本身，而是什么样的过往经历让孩子产生了如此强烈的恐惧和逃避意识。

这时，答案往往落在了“三感”上。

当孩子做作业时，总是因为思考的迟疑和答案的不准确，而遭受到父母的批评、唠叨、指责。此时，他的关爱感就会被破坏。他会认为，是因为他学习方面不擅长，所以父母吝于给予他应有的关怀与照顾。

当一个孩子学习累了，想稍微休息一下，却被成年人污名化为做小动作时，他的学习安排也会因此被打断。那么，他的自主感就会被破坏，也就不会感受到自主安排学习的自由。

当孩子遇到不会做的题目时，父母与老师不能及时给予他清晰易懂的解题方法，甚至反而越讲越乱，火上浇油。那就会破坏孩子的能力感，他会认为自己不具备学好的能力。

当以上三种要素都被严重破坏时，孩子就会出现宁可不做作业，被父母催促，被老师批评，也不愿意学习的情况，因为过往的学习经历给他带来的伤害已经超过眼下面对的催促和批评带给他的伤害。

所以这时，我们要把问题回归到前文所说的情绪的照顾和方法的指导上。

磨蹭与拖延的本质是一种对疲劳的有限自我调节，就如上文所说，回家先玩不先学，和写作业时的小动作一样，都属于自我调节的范畴。这样的自我调节是短暂的，且可自我约束。

但是，如果孩子遇到一些小困难时，我们没有及时给予他们情感上的安慰、鼓励和方法上的引导，久而久之，这个有限度的自我调节就会失衡，变成孩子对学习的畏惧和逃避。

所以，教育没有捷径，家长来爱，老师来教，才是解决磨蹭、拖延最根本的方式。

# 孩子粗心，我们该怎么办

孩子粗心，一直是困扰家长的难题。我们经常听到老师给家长这样的反馈：“你家孩子明明能考 100 分，结果考了 96 分。这 4 分丢的，不是不会做，就是因为粗心。”一听到这话，很多家长原本放松的神经一下就绷紧了。

久而久之，家长慢慢形成了一种观念：“明明能做对，一问都会，为啥一做就错了呢？多可惜！”“说了无数遍，让孩子认真点儿，就是不听！罚也没用！”我相信，这是很多家长面对孩子粗心时的心声。

在家长和老师眼中，明明孩子细心一点就可以拿到的分数，却因为粗心而丢失。这种感觉就相当于到手的钱跑了，煮熟的鸭子飞走了，让家长和老师内心充满了惋惜和遗憾。

如果我们想解决粗心的问题，首先要对粗心有更加深刻的认知。

## 粗心的不只是你的孩子

我们之所以对孩子粗心感到焦虑和困惑，根源上是我们认为“粗心是可以避免的”，或者说“好孩子是不会粗心的”。

但这种说法我并不认同，因为粗心几乎无法彻底避免。

各位家长试想一下，假如让现在的我们去做100道小学一年级的简单计算题，我们也很难保证一次性100道题全都做对。有句俗话说，“老虎都有打盹儿的时候”，即便是那些特别优秀的孩子，也难免粗心大意。

这是因为粗心是一种思维疲劳的表现，当我们重复去做某件事或者面对非常复杂的工作内容时，我们的大脑难免会产生疲劳感，所以一不留神就会出现一些看似很低级的失误。这就好比让你连续爬200级台阶，中间难免会绊自己一下。粗心就是我们的大脑在思考过程中绊了自己一下。

有家长曾经对我说过：“傲德老师，你能考上北大，说明你肯定不粗心。你如果粗心，肯定上不了北大。”这就是很多家长对所谓“优秀”的主观臆想，而以我的个人经历为例，即便我学生时代是个比较优秀的学生，我在学习和生活中也经常会出现粗心的情况。比如，我前段时间就丢了身份证和笔记本电脑。又如，我小时候语文考试看错偏旁部首、数学考试忘记写得数等。

而我身边还有一个更极端的关于粗心的故事。

我在上高三的时候，有一个同学物理学得特别好，是全校师生公认的在物理方面有极强天赋的学生。当时，我们所有人都认为他参加物理奥林匹克竞赛，一定可以拿到奖项，甚至可以借此机会保送清华、北大。结果，这位同学物理竞赛却铩羽而归。

后来，他跟我们复盘这次考试，提到了他因为粗心犯了一个很低级的错误。他将原本等于$\frac{1}{2}$的 cos30°，写成了等于$\frac{\sqrt{3}}{2}$。这个知识点在高中非常基础，但是他在奥赛这样重要的场合居然一时疏忽写错了。这就是一次典型的粗心失误，而这次粗心让他与保送北大的机会失之交臂。

当这样的结果出来后，我们都觉得不可思议，凭借他的水平就算得不到保送机会，拿一个奖项也是绰绰有余的，我们感到太遗憾了。

然而是金子总会发光，一次偶尔的粗心不能影响一个人的真正水平。我这位同学后来参加高考，还是考到了内蒙古自治区的前五名，顺利进入北京大学。所以，粗心很难避免，再优秀的人也有粗心的时候。

前段时间，我看到一句话，我认为说得特别准确：一个人粗心后表现出来的水平才是他的真实水平。

当你下次再有“我们家孩子不粗心能考 110 分，结果他一粗心只考了 105 分”诸如此类想法时，应该深刻地意识到，你的孩子因为粗心大意考了 105 分，那他这次考试表现出的真实水平就是 105 分。

就好像一个运动员，真正决定他水平高低的，不是平时的训练表现，而是赛场上的发挥。赛场上的表现相比平时训练经常是要打折扣的，而打折扣后的水平，才是运动员真实的水平。

我们不能用“粗心”这样的理由去掩盖自身水平的不足。

## 如何减少粗心的发生

虽然我们已经意识到粗心是一个无法根除的现象，将伴随我们的一生，但这并不意味着我们面对这个问题可以选择无视它。我们依然有很多方法去提升自我，减少粗心。

比如，有的孩子会在数学考试时把数抄反，例如 58 写成 85。在这种情况下，需要家长和孩子一起做个小游戏，列出一排数字：

58885888558555888585

看看谁能又快又准地看出这排数字中藏了多少个“58”数组。

又如，有的孩子做加法会忘记进位，比如将 17+18 算成 25。这种时候，我们就可以给孩子找两个算式，这两个算式结果的个位数字一样，但是一个需要进位，一个不需要。例如：

12+13=（　　）

17+18=（　　）

两个算式个位的得数都是 5，但是 17+18 需要进位。当把这样两个算式放在一起时，孩子一对比，就会立刻明白进位与不进位的区别。

再如，有的孩子会抄错符号，算式中的乘号“×”被抄成加号“+”。这种情况，我们依然可以做类似的训练，写出一长串加号和乘号：

+× ×+×+++× × ×+×+×++++×

这时，你可以跟孩子一起比一比，看谁能先数出其中有多少个“+”，又有多少个“×”。

看到这里，你会发现，以上三种方法有一个共同点：精准针对孩子的错误进行训练。我把这样的训练方式叫作“对比训练”，即除了强化孩子进行分辨的符号和数字外，其他内容都一样。这样的训练，才可以让孩子更加目标清晰地解决自己的粗心问题。

对比训练如果做到位，它的效率是远远高于丢给孩子大量题目，让他盲目进行重复训练的。因此，我专门做了一套解决小学数学粗心的教具，就命名为“我是不粗心”。

其实除了数学学科的粗心外，很多孩子在其他学科也存在粗心问题。比如，语文抄错字，英语写错字母。底层原因都在于孩子在“看”和“做”这两个环节出了问题。

从“看”到“做”是一个完整的操作过程，我们所有的抄写都是在不断进行这个过程。有的时候是因为看错了，有的时候虽然看对了，但写错了，这导致出现各种各样的粗心现象。这个时候，我们需要帮助孩子做的，就是把观察能力和动手能力结合起来进行训练。

比如，拼拼图、搭积木，这些都属于既练习观察又练习动手的游戏。

除了以上提到的具体方法外，我认为解决粗心的问题，还有一个更重要的角度，那就是提升孩子的整体思维能力。

孔子曾经说：“取乎其上，得乎其中；取乎其中，得乎其下；取乎其下，则无所得矣。”意思就是朝着上等的目标去努力，最后可能会得到中等的结果；朝着中等的目标去努力，得到的可能是下等的结果；朝着下等的目标去努力，最后可能什么都得不到。

这就像有的老师经常说的一句话：“平常水平是 100 分的孩子，考试可能只能考 90 分。如果想考出 100 分，你就得具备 120 分的能力。”

根据这样的观点，我做了一个能力—发挥模型供大家参考。

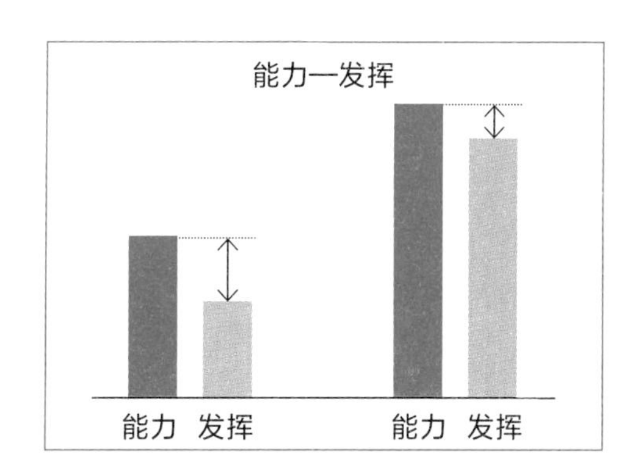


在这个模型中，能力与发挥之间的差距，很大程度上是受粗心影响的。但是你会发现，随着能力的提升，能力与发挥之间的差距也会变小。当一个孩子的基础思维水平提升时，他的做题思路就会更加丰富，思考也会更加迅速，也就具备了更强的自我纠错能力，更好地避免了粗心的发生。

综上所述，在粗心面前，没有幸存者。没有人能躲过粗心，即便是成年人，我们也会忘记带钥匙、忘记取快递、上班时忘记带资料等。

所以，面对孩子的粗心，我们关注的重点不应该在粗心本身，而应该在这两个方面：一、精准解决粗心的题目；二、提升一个人的整体思维水平。而这两点都需要积极的学习状态和专业的指导来进行保证。

如果孩子能够按照前面几章分享的内容，从情感上建立“三感”，从思考上践行“三步法”“六步法”，家长尊重他，老师帮他明确每个年龄段需要重点掌握的学习内容，通过这样的方式提升孩子的综合能力和学习水平，那么即使孩子粗心，也掩盖不了他的优秀。就像我那位同学一样，就算物理竞赛粗心犯错了，最终还是凭实力考上了北大。

# 好的笔记，别人是看不懂的

我们都知道“好记性不如烂笔头”这个道理，一个人们脑子再聪明，都有忘记的时候，不如用笔记下来。一个孩子在课堂上学到的东西也需要做笔记，除了防止遗忘知识点外，还可以温故而知新。

家长和老师都明白做笔记的重要性，但很多孩子却不这么想。于是，很多家长向我倾诉：“我们家孩子死活不记笔记，上课不认真听，还不愿意动手写。跟他说了无数次都没用，急死人了。”

所以这一节，我就和大家聊一聊，笔记的本质究竟是什么，怎样才能记出好的笔记。

## 记笔记的两大要素

无论大人还是孩子，要想逐渐养成记笔记的好习惯，需要具备两大核心要素：

一、感受到所记录内容的价值；

二、掌握高效、简洁的技巧和方法。

在孩子刚开始记笔记的时候，需要老师的大量辅导和参与。老师首先需要把记录的内容非常明确地展示给他们，并且告诉他们这段笔记的重要性。这个过程就是让孩子感受到所记录内容的价值。

但是光有这一点还不够，试想一下，如果我今天让你记录的内容是一场 8000 字的重要讲话，即便这场讲话有价值、有意义，你也不愿意去记录，因为内容太多了。你不但记不明白，而且记录的同时，也耽误了你去聆听和思考讲话内容，这样做是得不偿失的。

所以，这就需要记笔记的第二大要素：掌握高效、简洁的技巧和方法。例如，在记笔记时，能省略的省略，能缩写的缩写，能用符号表示的尽可能用符号表示，只要做到自己能够理解即可。

其实在生活中，有一件事情的原理和记笔记非常类似，就是发朋友圈。

你会发现，当一个人在生活中遇到非常有意义、有价值的事情时，他都很愿意以朋友圈的形式记录、发表出来。如果这个人具备了非常强的拍照能力和较高的文案水平，那么他会更加乐意在朋友圈进行分享，因为记笔记和拍照发朋友圈的本质都是记录。从这方面来看，二者是同一件事。

## 如何让孩子养成记笔记的习惯

当我们明确了记笔记的两大要素后，就可以从这两大要素切入，思考一下孩子不爱记笔记的原因是什么。

首先，孩子是否得到了足够清晰的说明与强调，所学内容哪一部分是重点，哪一部分需要记录。据我观察，有的孩子不记笔记，有时是因为老师和家长没有给孩子强调出哪一部分需要记录，而只是泛泛地给孩子提出一个“你要记笔记”的要求而已。

这样的要求只会给孩子带来困惑，在习惯养成初期，他们需要的是比较精准的说明和引导。例如，把第二行中间的某五个字进行重点标注，或者将某个数学算式第三行的转变过程进行摘抄等。

其次，光有明确的指示还不够，我们还需要站在孩子的角度想一想，完成这个指示的工作量是否在孩子力所能及的范围内。例如，有些老师让孩子在笔记上摘抄整段文字，这样的记笔记方法效率低下，而且还会破坏孩子的学习热情。

所以，除了要有明确的指示外，我还要提出一个记笔记的核心原则——注重言简意赅，避免花里胡哨。

例如，我初中的英语老师会明确告诉我们在课本的哪一个单词下面，用什么样的箭头进行标注。而且，他还会培养我们用符号进行记录。比如，在英文单词 work 旁边记录短语 work out，他会让我们用波浪线代替 work out 中的 work，写出来就变成了 ~ out。

又如，我的高中生物老师会和我们一起，在黑板上将课本上的复杂内容转变成清晰的结构图。而且在转化的过程中，会让我们用英文字母代替高频汉语名词，以便节省时间。例如，用 c 代替细胞，因为细胞的英文单词 cell 的首字母就是 c。这件事令我印象极深，当时我的生物书上记录的全都是 c 膜、c 壁、c 核等。我认为只有采用这样高效率记笔记的方式，才能做到记笔记、听课两不误。

有些孩子记笔记可以说就是把书抄一遍，然后用彩色笔标记一通，再装点儿小贴画，做得像一本手账一样。这样做，孩子对知识的理解是很难透彻的。因为人的精力是有限的，抄书本身就是一个低效的行为，我们完全可以直接在书上做标记。另外，有的同学在笔记上写写画画，浪费了大量精力在如何让笔记更加美观上，留给思考的精力就减少了。也就是说，记笔记要避免花里胡哨。

综上，高效率记出来的笔记充满大量符号和信息，所以很多时候，好的笔记只有记录的人才能看懂，别人是看不懂的。

如果孩子的笔记里充满了各种简写、缩写、符号等，这说明他没有浪费精力在不必要的事情上，家长不要觉得这是“涂鸦”，反而应该为他感到高兴，因为他知道如何分配自己的精力。

## 记笔记的两个注意事项

关于笔记，最后我还想提醒两点。

第一，很多家长试图让孩子去借阅甚至抄写班里优秀同学的笔记，以为可以通过这样的方式获取学霸成功的奥秘。这种行为我是完全不推荐的，因为记笔记的本质是一个思考的过程，而不是记录出来的结果。与其复制别人的笔记，不如找到自己喜欢的记录方法。

第二，不要过早期待孩子掌握记笔记的技巧。回顾我自己的学习经历，我上小学时完全没有记笔记的习惯。上初中后，在老师的细心引导下，我才逐渐开始有了记笔记的意识。直至上高中，才形成了比较成熟的记笔记习惯。即便如此，我现在回顾高中语文笔记的记录方式，都觉得还有很多可以调整的地方。所以，家长千万不要产生奢望，你给孩子简单提出记笔记的小小要求，他不可能就具备了上课记笔记的大大能力，一切习惯都是一点一滴培养起来的。

# 如何帮孩子集中注意力

孩子的注意力一直是家长最为关心的话题之一。那么，如何才能有效地提高孩子的注意力呢?

以下分享的几点内容，是我结合了部分心理学中关于注意力的重要结论，以及个人实际教学过程中的经验形成的，在教育实践中也进行了验证，希望可以帮到你。

## 吸引是集中注意力最重要的方法

假设这样一个场景：当你走在大街上，什么样的人会让你不由自主地瞟上一眼？第一种是普普通通的路人，没什么特点，长得不好看，但也不丑，衣着也很普通；第二种是从天上飞过去的超人。你会看谁？答案不言自明。

在这种情况下，是超人的出现让你的注意力变强了吗？

不，你的注意力并没有变强。这一刻，你变得专注起来去观察超人，仅仅是因为超人吸引了你。我们从而可以得出一个重要结论：吸引是集中一个人注意力最重要的方法。

## 人生来就可以专注地做事

很多家长对我说："老师，我们家孩子就是注意力不集中，从小就爱走神。"注意，一旦家长有了这种想法，便默认了孩子生下来就具有注意力不集中的缺陷，这是错误的认知。我们人类经历了漫长时间的进化，采集、狩猎时代需要我们集中注意力去狩猎，农业时代需要我们集中注意力去劳动，这说明人类可以集中注意力去做事。

回想一下，你的孩子是否会很认真地玩游戏、看动画片，甚至很认真地发呆？总而言之，他有没有在做某件事的时候，特别用心、特别认真仔细？我相信一定有，但凡孩子有一件事很上心，就证明他会集中注意力，专注做某事。

但是，为什么我们不认为这些行为是专注做事呢？因为这些行为是我们不希望他做的。换句话说，在家长的眼中，玩游戏、搓橡皮、看动画片等根本不是在专注做事，仅仅是孩子"贪玩"的表现。但我想告诉家长的是，注意力不分对错，不是只有认真做题、看书才是集中注意力，认真玩乐、发呆、聊天、看动画片等同样是集中注意力的表现。

## 2 ~ 8 岁要保护、训练注意力

既然孩子的注意力是天生具备的，那么我们要做的，就是把孩子的注意力保护好。如果在此基础上，家长进行适当的引导加强注意力训练，就能帮助孩子养成集中注意力做事的习惯。当家长具备这种意识后，就需要格外注意习惯的最佳养成时期。孩子越小，家长就能越早做准备，孩子的习惯就越容易养成。

心理学研究的结果表明，孩子 2 ~ 8 岁的阶段是保护、训练注意力的黄金时期。

很多孩子到了四、五年级注意力很难集中，上了中学，这种情况会愈演愈烈，甚至会完全无法集中注意力。这是为什么？

因为孩子在 2 ~ 8 岁没有养成集中注意力的习惯。或者说，他专注做事的习惯没有得到保护，反而被破坏了。一旦孩子升入高年级，学习难度不断增大，需要集中注意力认真听课时，孩子注意力无法集中的问题就暴露了出来。

## 2 ~ 8 岁保护注意力的方法

那么，作为家长，我们需要做什么才能在 2 ~ 8 岁这样一个黄金时期，保护孩子的注意力呢？

### 第一，尊重孩子注意力的选择

人的注意力是有选择性的，比如大部分男孩对汽车的兴趣会高于洋娃娃，大部分女孩更喜欢洋娃娃或者饰品一类的玩具。又如，一部分孩子喜欢看《小猪佩奇》《小羊肖恩》这种生活喜剧类的动画片，一部分孩子喜欢看“奥特曼”系列、《铁臂阿童木》这类充满想象力的动画片。注意力是有选择性的，不同的孩子关注的事情不一样，家长要尊重孩子的选择，不要强行去改变他。

只要孩子认真做一件事，他就是值得被表扬的。哪怕这件事在成年人的眼中是没价值、无意义的，我们也要去支持他。因为在这个过程中，孩子就是在无意识地保护和训练自己的注意力，进而养成集中注意力的习惯。

当孩子形成集中注意力做事情的习惯后，随着年龄的增长、是非标准的建立，他的注意力才会从其他事情上顺利地转移到学习上来。

### 第二，即便孩子在发呆或者打游戏，也不要打断他

孩子小时候注意力的选择完全取决于自己的喜好，如果孩子能用自己的喜好养成注意力，长大后的他才能把这个习惯用到其他事情，包括学习上来。如果我们过早地否定、打断孩子集中注意力做事的行为，破坏的就是他专注的思维习惯。这种习惯一旦在 2 ~ 8 岁没有建立，之后就很难建立起来。

举个例子，看到孩子在发呆，尽量不要打断他。这时，他脑子里可能想着一个小故事：小鸟变成了大鸟，大鸟又变成了翼龙，和恐龙打了起来，恐龙获胜；但是一条鳄鱼从水底钻出来打败了恐龙，鳄鱼赢得胜利，最后水汽变成云彩，把鳄鱼送到了天上。

“琢磨啥呢？赶紧去做作业。”

如果这时家长打断他，他构建的小小世界就会被破坏，专注的思考也

会被迫停止。孩子往往心里“咯噔”一下，思绪发生断裂。如果这种思维断裂频繁出现，孩子脑子里就会形成条件反射，思考两三分钟，就会自己停止，思绪一段一段的，无法长时间思考。

网上有一个特别有意思的段子：

如果把瓦特、牛顿这些巨匠放在如今的中国家庭中会发生什么？

当瓦特看着水蒸气把壶盖顶起来时，他的家人会呵斥他：“别发呆了，赶快学习去！”当牛顿思考苹果为什么会落下砸中自己的脑袋时，他的家人会说：“别瞎琢磨了，你的作业做完没？”

如果这些天才遇到上述这类错误的教育方式，我相信他们大概不会有后来的成就。

所以面对孩子发呆，家长正确的做法是不要去干扰，孩子发呆是有时间的，等他回过神来时，思绪就会自然结束。这样一个完整的思考过程就是孩子专注地把一件事做完的过程。

我本人就有类似的经历，并且从中获益良多。现在的我是一个做事非常专注的人，总是沉浸在自己的思考中，我反思过是什么样的经历使我有这样的习惯。后来我回忆起，在我童年时，最爱一个人玩各种各样的小人玩具。我能从吃完午饭一直玩到太阳落山，而我的父母和爷爷奶奶做的唯一一件事，就是不去打扰我，让我沉浸在自己的思考世界中。

孩子的注意力选择完全取决于自己的喜好，只有把自己喜欢的事情做好，才可能把专注力转移到其他事情上去。如果过早否定孩子专注做事的行为，就是在破坏他专注的习惯和持久性。

**第三，多用玩具、游戏进行注意力的提升**

当孩子养成集中注意力的习惯之后，如何将其引导到学习上来呢？最好的办法就是采用游戏互动的形式，让他在互动体验中顺利过渡，对学习也能养成专注的思考习惯。

比如，下面这种叫“路径跟踪”的游戏，可以很好地训练孩子的思维专注力。

正方形、圆形、多边形是一年级的孩子学到的基础图形，这个小游戏很好地将注意力训练和基础图形知识相结合。家长可以尝试问孩子：“与左边的圆形相连接的是哪个图形？”引导孩子进行路径追踪，在寻找答案的过程中，他不知不觉就会集中注意力。

总之，2 ~ 8 岁孩子的注意力保护分为两方面：一是不要打扰，让孩子自己养成持续思考的习惯；二是用游戏的方式，将注意力和所学知识点进行关联结合。

## 8 岁以上尽量弥补

如果孩子已经超过 8 岁，并且家长和老师已经错过 8 岁前的绝佳训练时期，那只能尽量弥补。以下方式供你参考。

### 采用吸引孩子的教学方式

从前文中，我们已经知道，吸引是集中注意力最重要的方法。

如果孩子错过了注意力培养的黄金时期，我们就必须用吸引他的方式进行教学，因为这时他的注意力已经被破坏，我们更需要做到吸引孩子。

教育者的第一个任务，就是做一个孩子喜欢的人。如果孩子根本不喜欢你，甚至抵触你，不想和你说话，你怎么可能吸引他的注意？

面对孩子的教育问题，我们必须用和蔼的态度，和孩子建立良好的亲密关系。在此基础上，用有趣的方法引导孩子重新养成专注力。

### 友好互动

什么样的教育方式会让孩子不容易走神呢？

心理学实验结果表明，让孩子不容易走神的一个重要手段，就是互动。如果老师讲课，只是自顾自地讲，根本不管学生是否听得懂，是否跟得上，孩子就很容易走神。而互动式的讲课，让孩子参与进来，他走神的概率就会大大降低。

当然，互动有一个重要的前提，就是友好，只有友好的互动才不会破坏孩子的情绪。

下面，我们来看一下两种互动教学方式，体验一下它们的微妙不同。

家长辅导孩子做不会的题，耐心地进行引导：“那咱们把 8 写在这里，你看一下题目，觉得 8 应该和几相加呀？哎，对，8 应该和 6 相加对不对？那 8 再加上 6 等于多少呀？非常好，那我们来看下一步。”

换一种家长用催促、责骂的语气和孩子互动的场景，比如“等于几！来，快点把 8+6 写上！写完后面是多少！”

很显然，前者是友好的互动，而后者的互动方式夹杂着太多负面情绪。用这种方式和孩子互动，还不如不互动，这是在制造矛盾。

哪怕孩子给你答案的速度比你预期的要慢，或者和你预期的不一样，你也要耐心地、友好地重新引导他。不能动不动就急躁、发脾气，一旦这样的情绪和状态表现出来，你就要赶紧停止，否则不但题目讲不明白，亲子关系也被破坏了。

具体的互动方式可以参考第二章、第三章的内容，里面包含不同年级、不同阶段对应的不同题目，帮助家长引导孩子集中注意力。方式和方法有很多种，但都要以“友好互动”为基本原则。

# 5

# 好的陪伴，滋养孩子的一生

从我这么多年和家长的沟通来看，有很多家长对我个人的求学经历很感兴趣，想从中吸收一些对孩子有用的经验和教训。

其实，家长之所以在孩子的教育上感到迷茫，是因为不知道自己的行为会导致什么结果，不知道“三感”对孩子的学习有多重要。

在前面几章里，我分享了自己的各种教育理念和方法，就是为了帮助家长预判自己的行为对孩子产生的影响。本章分享的是我个人成长经历和求学过程中的一些真实的案例，来验证前面提到的理念。

这只是对我个人行之有效的经验分享，并不一定适合每个孩子。家长在看我的这些经历时，需要结合自己孩子的具体情况对症下药，而不是拿着我的方法复制粘贴。

# 永远记得，给孩子正面的反馈

## 我就这样走丢了

在我五六岁的时候，离家不远的地方开了一家商场，母亲带着我去逛。因为是刚开业，现场人山人海，我一不留神，在一个冰激凌贩卖机旁边走丢了。当时我就慌了，原地转了好几圈都没看到妈妈，我开始纠结是离开这个地方去找妈妈，还是留在原地等妈妈来找我。

最后，我就站在原地焦急地等待。没一会儿，妈妈就找过来搂住了我。其实我一直都在她的视野里，只是我看不见她。我哭着对妈妈说以为自己走丢了，她安慰我说："不用担心，这里离家那么近，你自己也可以走回去的。"

我说："我怕我自己走回去的话，你找不到我会着急的。"

听到这句话，她非常感动，摸着我的脸说："哎呀，我这个儿子实在是太懂事了，这么小就会替别人考虑……"

当时，我的内心也受到很强的触动。没想到我这样出于本能的回答，能给她带来那么大的触动，这种触动远远大于我走丢的恐慌。那一次，在我的意识里种下了一颗种子——替别人着想会得到别人的认可和感谢。

时至今日，很多家长肯定我的讲课方式和内容，其实就是得益于我从小养成的共情能力。因为我母亲带给了我正向反馈，我小时候便有了共情大人、共情身边人的能力。等我长大后从事教育行业，就会用共情的意识来共情孩子。不可否认的是，家长给孩子的正向反馈对孩子的未来有着深远影响。

基于这个故事，我延展出两个话题：第一个是“如何对孩子的行为给予反馈”，第二个是“小朋友不懂得心疼人怎么办”。

## 如何对孩子的行为给予反馈

受到传统文化的影响，中国家长在孩子表现好的时候往往吝于表扬，怕孩子骄傲，但这样的想法是错误的。认可、表扬和鼓励，是孩子前进道路上的指明灯。如果我顾及妈妈的行为没有得到她的认可，或者她感动了，但是怕我骄傲，拒绝给我认可，那么我就不会知道原来替别人考虑是如此有价值感，我的共情能力也许就不会从小得到很好的培养。

有的家长听取了我的建议，回到家里就刻意地表现出对孩子的认可，结果好像一点效果都没有。这是为什么呢？

因为这种“刻意的鼓励”，是无法给予孩子激励的，孩子只会觉得父母不真诚。真正的鼓励不是语言上的“宝贝儿你真棒”，而是源自生活中对孩子点点滴滴的关注与认可。

回到“走丢了”这个案例中。有些母亲在孩子走丢后，会去舒缓孩子的情绪，安慰、鼓励孩子。而有些母亲则会批评孩子：“跟你说了多少遍，要跟着大人，你怎么不注意呢？”怪孩子没跟紧她。从这两种不同的反应中，我们可以看出家长对孩子的真实态度。关爱和鼓励要藏于不经意的细节中，只有生活中真实的反馈，才能真正触动孩子。真实的鼓励和认可，要远远优于敷衍的夸奖。如果家长在生活中时刻对孩子保持一种赞赏的状态，有时候一个眼神或者一个微笑就够了。反之，你平时对孩子就是一种否定、责备或嫌弃的态度，永远只看结果而不关注孩子努力的过程，那么即使学再多鼓励的话术，都于事无补。

家长的正向反馈才能塑造孩子的好品质，而贴负面的标签只会强化孩子的弱点。只有感受过成功和认可的孩子，才会知道下一次怎么做才能继续成功。那些从未被认可过的孩子，只能永远处在迷茫、失落和焦虑的状态中，谈何成功呢？

## 小朋友不懂得心疼人怎么办

之前，我给大家分享我走丢那件事时，很多家长对我说：“我家小朋友可不像你这样，他才不懂得心疼大人呢。”如果家长有这样的感受，那么我在这里介绍一个心理学理论——美国教育学家塞尔曼的“观点采择能力发展阶段理论”。该理论认为孩子在看到、听到、感知到外界不同观点的时候，会选取哪些观点来帮助自己决策，是和孩子所处的年龄段相关的。

成年人和孩子在信息来源的选择上天差地别，但都遵循着一定的发展规律。下面这个表就清晰地展示了一个人从孩子到成年人大脑运转模式的转变。

| 年龄 | 观点采择能力发展阶段 | 孩子的具体行为 |
|---|---|---|
| 3 ~ 6 岁 | 自我中心 | 认识不到他人的观点和自己观点的不同，只能按照自己的好恶做出反应和行为 |
| 6 ~ 8 岁 | 社会信息 | 意识到他人有不同的观点，但不能理解这种差异的原因 |
| 8 ~ 10 岁 | 自我反省 | 开始懂得站在他人的角度考虑问题，但做不到同时站在自己的角度和他人的角度思考问题 |
| 10 ~ 12 岁 | 相互思考 | 能同时站在自己的角度和他人的角度思考问题 |
| 12 ~ 15 岁 | 社会与习俗系统 | 能分析、比较、评价自己和他人的观点 |

孩子在 3 ~ 6 岁，是自我中心阶段，他认识不到他人的观点和自己观点的不同，所以只能按照自己的好恶做出反应和行为。也就是说，顺着他心意的，他就会喜欢，而违背他心意的，他就会厌恶。这个阶段的孩子，和其他小朋友玩到天黑都舍不得分开，他不会考虑“不回家”这种行为所带来的后果，只会依靠自己的喜好做出选择。有些孩子甚至经常一不开心就动手打家长，家长会感到无比震惊、愤怒且委屈，会责备孩子：“你也太不懂事了吧？我每天给你洗衣、做饭，你还打我……”但其实我们不必对他感到失望，也不用去责备他，因为在这个阶段，小朋友本身就是没有这方面意识的。

如果从这个角度来看，我走丢的故事似乎是个例外。但是，我从小就有爱替别人操心的习惯，这一点受天生因素影响较多。我想说的是，的确有一小部分 3 ~ 6 岁的孩子会或多或少地体谅父母，但大部分孩子在 3 ~ 6 岁这个阶段还是以自我为中心的，我们不必拿这一点去攀比或者否认孩子。如果孩子没有为身边的人考虑，我们也不必急于责备他，因为这是成长的必经阶段。

孩子在 6 ~ 8 岁，是社会信息阶段。他开始意识到他人有不同的观点，但不能理解这种差异的原因。孩子 6 岁之后，就不会总是以自己为中心，开始有了关心父母的意识。我们前期对于“孩子不会心疼人”的担忧和顾虑，在这个时期就被孩子行为的转变消除了。所以，我们不能因为孩子小时候爱打人，就给他贴一个“不懂事”或者“不体谅人”的标签。这样负面的标签，会导致孩子形成自我偏见，认为自己就是一个不懂事的坏孩子。一旦这种自我偏见形成，即便他们长大了，依然会认为自己是一个无法体谅他人的人。

很多家长看到三四岁孩子的一些行为，总是会往恶化的方面去想：他 4 岁就开始打人，那到了 20 岁、30 岁岂不是要杀人放火!

这种想法是极端错误的，我们要认识到 3 ~ 6 岁孩子大脑的运行机制和大人完全不同，并且不是大人可以扭转或干涉的。这个阶段的孩子只会用喜欢和不喜欢来看待事情，我们能做的就是孩子开心的时候陪他开心，不开心时逗他开心。等孩子过了 3 ~ 6 岁这个自我中心阶段，自然而然就会做到体谅大人。就像四五岁的小朋友会在地上滚来滚去，无视家长对他的训斥和关心，但当孩子 8 岁以后，就不会在地上滚了。孩子逐渐长大，大脑运行机制在不断升级、变化，行为也会随之改变。

中国有句老话叫“三岁看老”，这种观点是片面的。我们不能因为孩子四五岁爱在地上打滚，就给孩子贴上“不讲卫生”“不听话”“不懂得体谅父母”的标签，甚至通过训斥来强化这个标签。一旦长大，孩子会把外界贴给他的标签内化为自身的属性，所以赶快停止这种“坑娃”的行为吧。

对 3 ~ 6 岁孩子这种“不听话”“不懂事”“不心疼人”的行为，家长不要过分紧张，你要做的，就是陪他经历这个阶段。

# 中小学 12 年，我从未用过闹钟

乍一看这个标题，很多家长可能会以为我这一节会讲个自律的故事：我小时候每天按时起床，按时吃饭，自觉背好书包去上学，学习生活高效且自律，最后取得不错的成绩。

但事实完全不是这样，类似这样榜样式的鸡汤故事相信大家也看过不少。这类故事看得多了，家长就会对孩子产生不切实际的预期，总觉得孩子早上起床、穿衣、刷牙、洗脸、吃早饭都应该自己完成，不需要家长操心，这才是一个“好孩子”该养成的“好习惯”。

不过，我们仔细一想就会明白，起床困难是很多人都会面对的难题，成年人尚且喜欢晚起赖床，更不用说睡眠需求更高的孩子。

经常有家长对我说：“今天早上，孩子又赖床不起。我对他发了一通火，结果他没吃早饭就去上学了。他上学时的心情不好，我上班时的心情也不好，还要担心他饿肚子，上课受影响……”

遇到这种情况，家长们不要着急。我小时候也是个典型的“起床困难户”，但是从我上学的第一天开始，就从来没有迟到过。

## 爷爷叫醒我的绝招

关于我从来不会因赖床迟到这件事，得感谢我的爷爷。我爷爷是个极其严谨的人，他每天晚上会和我确定第二天的起床时间，以及早饭是在家里吃还是在外面买着吃。到了第二天，他就会按照约定的时间准时叫我起床。

由于我是“起床困难户”，在第一次叫我起床无果后，爷爷还会给我一次“再睡五分钟”的机会。等到第二次再来叫我的时候，他就开启“碎碎念”模式。一直这么念，直到我起床为止。

“傲德哎，六点三十五嘞，你要再不起床就要迟到啦。你看看现在都六点三十五了，早饭都给你准备好了，赶紧起床吧。今天外面降温啦，有点凉，你起床多穿点。再不起床，你就迟到了，别的小朋友都上学去啦……”

对我而言，这真的是一种“咒语碎碎念”，不起床忍受碎碎念比起床更痛苦。

后来，在我高三最辛苦的阶段，我每天晚上一两点才睡觉。爷爷第二天早上可能要对我进行四五轮的碎碎念，我才能起床，但是他依然没有发任何脾气。

时至今日，我非常感谢爷爷的这个行为。就这么一件事，他一坚持就是 12 年。不论刮风下雨，不管他身体是否有恙，都一如既往，因此我也从未迟到过。

这个故事的重点不是爷爷的碎碎念有多精妙，这种方法有多么管用，而是他在叫我的过程中，从来没有发过脾气，他用关爱在耐心地对待我，从没有伤害我的情感。

有的家长看碎碎念这么管用，回到家里也这样对待自家孩子，结果却不尽如人意。问题就出在家长对孩子缺少关爱和耐心，将原本帮助孩子起床的“碎碎念”变成了对孩子的“人身攻击”。比如：“你这个孩子就这样，天天迟到，每天不守时……”“你到底能不能快点儿，我这么早起来给你准备早餐，结果你磨磨叽叽！”

“碎碎念”只是一种方法，我们从来不缺叫孩子起床的方法，家长可以唠叨、敲锣打鼓、制造噪声等，但是整个过程重要的不是方法，而是耐心和关爱。有了耐心和关爱，便无所谓形式。

## 怎样做才不会“宠坏”孩子

看到爷爷叫醒我的方式，有的家长可能会说：“这老人溺爱自己孙子，哪能这样三番五次地惯孩子呢？说好了六点半，六点四十都还没起，太不守时了。从小这么惯他，他长大以后肯定要吃亏的……”

在生活中，我们经常会听到这种言论。总有些家长害怕溺爱孩子，导致对孩子连基础的关爱都给予得小心谨慎、斤斤计较。我能理解家长朋友们害怕宠坏孩子，但是我们不能因为害怕宠坏孩子，连正常的关爱都不给予。比如在这个故事中，我认为爷爷并不是在溺爱我，而是在给予我正常的关爱。

家长一定会好奇，究竟什么样的爱是“溺爱”，什么样的爱是“关爱”呢？

在我的观点中，“溺爱”和“关爱”都是“爱”的表现形式，没必要严格区分。我们只要做到一件事，就能让孩子内心感到温暖又不至于被宠坏，这件事就是——耐心地陪伴孩子解决问题。

接下来，我会提供几个场景案例，为大家说明为什么“耐心地陪伴孩子解决问题”是一种非常好的教育手段。

### 场景一

你的孩子把别人的杯子打碎了，杯子的主人在责怪他。这时，你该如何处理呢？请看以下三种处理方式。

#### 不当的处理方式 1

你对杯子的主人非常不客气，甚至带着责备的语气对他说：“他还是一个孩子，一个孩子打碎了东西，你那么斤斤计较干吗？”

#### 不当的处理方式 2

你一把抓住孩子，一边打，一边骂：“跟你说多少次了，不要动别人东西！非要动，天天闯祸！”

#### 合适的处理方式

知道孩子闯祸后，你赶紧拉着孩子向杯子的主人赔礼道歉，并且询问杯子主人是否需要赔偿以及杯子的价格等信息。如果需要赔偿，你可以跟孩子一起商量，买个新杯子赔给主人；如果杯子的主人不需要赔偿，你可以问孩子可不可以把自己的玩具送给人家，表达歉意。

分析以上两种不当的处理方式，虽然我们攻击的对象不同，一个是杯子的主人，一个是孩子，但是我们内心表达的情绪是相同的。我们希望用怒火赶快把这件事情应付过去，无论是用怒火去敷衍杯子的主人，还是用怒火去惩罚孩子。这两种处理方式都体现了一种没有耐心、敷衍了事的心态。

而后面这种正确的处理方式，就是我所说的耐心陪伴孩子解决问题。我们要解决的问题是——赔偿损失。在处理过程中，没有必要去责备任何一方，朝着任何一方发火，因为谁都不希望这个杯子被打碎。我们需要做的是解决问题本身，因为孩子的过失导致杯子损坏，他又不具备自己处理的能力，所以我们需要陪伴孩子一起解决这个问题。当孩子有了这样一次经历后，今后再遇到类似的情况，便知道如何处理。同时在处理的过程中，他能感受到自己行为带来的不好的结果，下次遇到类似场景，一定会多加注意。

**场景二**

家长带着孩子在饭馆聚餐，吃完饭，大人在聊天，孩子就有点无聊。于是他做出了一些让大人比较心烦的行为，比如踢桌子、到处跑、大声喊叫，影响了一起吃饭的人。

**不当的处理方式 1**

你看了一眼吵闹的小朋友，若无其事地跟大家说："小孩就是这样，特别淘气，你们别管他。"

**不当的处理方式 2**

眼见孩子让你丢脸，你冲着孩子一顿批评、责备："你这孩子怎么这么不懂事，这么不懂礼貌！大人还在这儿吃饭呢，你就又踹桌子又大喊大叫的！干吗呢这是！"

**合适的处理方式**

你温和地告诉孩子不要踢桌子、到处跑或大喊大叫，然后陪孩子做一些安静的游戏，如猜谜语、脑筋急转弯等。

这个时候，我们要体会孩子的感受。对大人来说，这顿饭的意义，除了吃饭还有情感上的交流，但是对于孩子来讲，这顿饭的意义真的只有吃饭。他吃完了饭，就完成了这次活动，但是大人还不让他离开饭馆，那么他一定非常无聊，所以做出踢桌子、到处跑、大喊大叫这些行为来消磨时间。换到我们自己身上想一想，如果你感到无聊，是不是也想找点事情消磨时间呢？

当我们共情到这个层面，就既不纵容孩子，也不批评孩子了。我们可以做的就是陪伴，在和其他成年人聊天的同时找一件孩子喜欢且能够做到的事情陪他消磨时间，比如做一些简单的小游戏等。

回到我爷爷对我的叫醒方式，他的做法完全是出于对我的关爱，而非溺爱。因为爷爷的做法其实是在陪伴我解决起床的问题，他把他所有的注意力都放在如何让我起床这件事情上，而没有诉诸情绪。所以，只要我们时时刻刻想着陪伴孩子解决问题，那么我们给予孩子的一定是合理的关爱，而非溺爱。

我们和孩子相处要关注两个维度：一个是“人的相处”，就是父母和孩子之间的相处，要给予他无条件的爱；另一个是“事的处理”，比如按时起床、自觉做作业这些事，父母要以身作则，言传不如身教。就像我爷爷坚持 12 年叫我起床，我没有一天迟到，也没有一天缺勤。爷爷持续不断地兑现我们之前的承诺，就算我赖床不起，依旧对我充满关爱和耐心。他对我的影响是深远的，直到现在，我依然遵循做事严谨和守信的风格，这是爷爷给我的巨大财富。

# 我如何从 57 分考到全校第一

考 57 分这件事发生在我刚上初一的第一次期中考试。

我从小就是一个不喜欢背书的孩子，觉得背诵是一件非常枯燥、无聊且低效的事情。上初一时，我年纪尚小，不明白历史、地理、政治这类文科科目，在没有充分理解的情况下，背诵就是快速掌握最好的方式。考前，我抱着侥幸的心理复习课程内容。一方面，觉得没必要背那么多东西，考试可能考不到，简单记一记就行了；另一方面，初一刚接触地理，科目太陌生，完全不知道记忆的方法，也不知道哪些东西该背。

结果，第一次期中考试，我的地理考了 57 分，历史和生物也都只有 70 多分。

成绩单下来后，对当时的我来说简直是一个晴天霹雳。要知道，我之前的考试分数只有一次低于 90 分，没想到刚上初中就“遭遇”了不及格。我当时吓坏了，拿着卷子往家走，内心忐忑不安，就像那首儿歌唱的“小嘛小儿郎 / 背着那书包进学堂 / 不怕太阳晒 / 也不怕那风雨狂 / 只怕那先生骂我懒哪 / 没有学问哦无脸见爹娘”。

到家的时候，只有我父亲一个人在。当时，他正在做饭，抽油烟机发出“嗡嗡嚓嚓”的巨大噪声。父亲回头看了我一眼，见我垂头丧气、惴惴不安的样子，立刻就明白发生了什么。为了盖过抽油烟机的噪声，他大声问我：“怎么啦？是不是没考好？”我从嘴里挤出一声“嗯”。

回家的路上，我都在不断猜想，父亲知道我考试不及格后会做出什么反应，也许他会问我：“什么科目没考好？考了多少分？为什么错了？”也许他二话不说，上来就是劈头盖脸一顿指责。

但令我没想到的是，他没有问我关于这次考试的任何问题，只平静地问了一句：“能赶上来吗？”这个反应与我听说过的，考试失利之后家长的反应有着天壤之别，完全出乎我的预料。我迟疑了一下，咬着牙回答了一个字“能”。

接着，他又说：“好了，洗手，拿筷子，准备吃饭。”

那一瞬间，我的心里“咯噔”一下，悬着的心似乎放了下来，又似乎依然悬着。放下来是因为我没有受到想象中的惩罚和批评，这让我获得了安全感。悬着是因为，我也不知道自己是否能实现刚才的承诺，把这几门学科追赶上来。自那之后，我心里憋着一口气暗暗努力。即便没有任何背书技巧，就算硬着头皮死记硬背，我也拼尽全力把那些知识点反复记忆。

这件事后，我就养成了一个习惯：只要是备战大考，考前两周我都会每天早上四点半起床，背诵文科知识点，并把这个习惯一直坚持到高中分文理科之前。

时至今日，我依然深刻地记着，初一的那场期末考试，我的成绩从不及格一下跃升上来，回到了班级前三。

## 如何消除“一分一操场”的焦虑

现在回想起这个故事，当时的忐忑不安早已完全消散得无影无踪，留给我最大的感受反而是安全和默契。

我的父亲没有因为我一次考试失利，就像电影里很多爸爸一样，去打骂、批评我，而是让我收拾筷子准备吃饭。这一行为毫无疑问在我内心建立起非常扎实的关爱感，让我从内心深处感受到，在父子关系中，无论我考得多差，做事情多么不优秀，我依然被家人关爱着。这份关爱感，让我养成了性格中洒脱的一面，让我学会抛弃那些无谓的、不必要的顾虑和担忧，获得内心的安全，减少情绪的损耗。洒脱的人，更容易快乐。

这件事还让我和父亲之间建立起一种关于学习的默契。当父亲知道我如此糟糕的分数后，并没有跟我纠结于已经发生的事情。他没有问我这次为什么没复习好，为什么之前没有学好。他问的唯一一个问题，让我明白，明天的付出比今天的结果重要。这个问题无疑让我们之间建立起一种默契，我过往的不尽如人意不重要，重要的是我是否愿意为了明天变得更好而奋斗。

父亲这样的心态，用现在心理学的话来说，就是一种成长型思维——既往不咎，活在当下，笑对未来。

每当我给家长们讲这个故事的时候，家长们往往会有两个阶段的反馈。第一阶段，会发出感慨：“哇，你的父亲好厉害，真是一个会教育的好爸爸。”

接下来，就会进入第二阶段：“道理我们都知道，但是老师，我们做不到啊，现在孩子‘一分一操场’，压力多大啊！”

其实不难发现，这两个阶段反馈的出发点是一样的。很多家长只看到了别人的故事，而不愿意思考自己该如何去改变，就好比只愿临渊羡鱼，不愿退而结网。家长以“一分一操场”的压力为借口，拒绝用成长型思维来看孩子。

那么，我们应该如何解决二者之间的矛盾呢？我认为答案很简单。

不同的阶段有不同的使命，正如前面的章节中讨论过的，教育有双重作用：培养和筛选。

我认为在非升学年级，也就是小学一到五年级、初中一年级和二年级（高中已基本定型，不在讨论范围内），我们的使命应该是培养大于筛选。在这个过程中，父母和老师的成长型思维一定要占据主导地位，尤其是针对小学阶段的孩子。这时，我们没有必要“分分计较”，因为孩子还不需要直面升学应试的压力，我们要更加看重孩子内心的素养和心态。哪怕孩子有时会粗心大意，有时会淘气贪玩，但只要他的心理是积极健康的、学习的状态是充满斗志的，那么我相信他在未来会有很大的发展潜力。家长和老师无须过度焦虑，而是应该更重视他思维素养层面的培养和良好学习态度的养成。

上文故事中的我，正好处于这样一个阶段。刚上初一的我，对于新开设的学科不是很熟悉，还没有摸索到合适的学习方法，但我的内心整体来讲是积极乐观的。如果当时我的父亲对我进行批评、打骂，这种手段不会提升我对陌生学科的学习能力，反而会破坏我前进的动力。所以，成长型思维无疑是在帮助我，使我内心积蓄翻盘的能量。

当孩子到了升学年级时，比如小学六年级、初中三年级，这个时候，我们要非常客观地面对“一分一操场”的压力。当我们面对这样的残酷现实时，最有效的训练方法，就是现在绝大多数学校每天发生的事情——大量刷题、反复训练，以提高孩子在最终考场上的熟练度和正确率为目标。

因为这时我们距离最终大考的时间越来越近，成长型思维没有那么大的意义了，我们的主导思维也应该有所转换，该关注孩子解题的严谨性以及题目体量的积累是否充足。

我相信各位家长已经感受到了，反复训练、不断刷题是非常耗费能量的过程。如果家长想让孩子在升学冲刺阶段有足够的能量去消耗，就一定要在此之前给孩子注入或者储备足够的能量。然而现实却是，很多家长跳过了孩子的能量储备阶段，跳过了孩子的能力培养阶段，恨不得让孩子从上小学一年级开始就有“一分一操场”的意识。在这样的环境压力下，孩子是没有办法储存能量的，他稍微积蓄一点能量，瞬间就会消耗殆尽。

我讲上文中的故事，是想用一个案例验证前面提到的教育的双重属性。我之所以在考试（筛选）中具备较强的能力，正是因为我在培养阶段被赋予了足够能量，否则在我经历了刚上初中就不及格的打击后，根本没有动力也没有心力去寻找破局的方法。

## 你的孩子不属于你

故事和道理都讲完了，接下来，我想提一点关于应试压力的浅薄见解。

为什么“一分一操场”这种焦虑会愈演愈烈？

在我们小时候，也是通过应试教育来完成升学的，我们那时候竞争也很激烈，“一分一操场”也客观存在，但为什么那时候的我们没有如此焦虑呢？我想这和我们现在所处的社会进程是有一定关系的。当前，我国城镇化率已经超过 50%，而且逐年上升。有很多城市居民在过去的几年到几十年内，完成了从农村到城市、从小城市到大城市的跃迁，有类似经历的人会深刻认识到考试成绩对于个人命运的影响。他们渴望自己的孩子从小得到优质的教育，并希望通过教育来避免孩子再走自己曾经走过的弯路。

但其实这是一种极其理想化的想法，因为现实情况是，人是一定会走弯路的。每一个人取得的成功，正是得益于他走过不同的弯路。人生没有捷径，更何况在这个时代，外界环境时刻都在发生日新月异的变化。你曾经成功的经验，放在当代社会，不一定还会适用。就像有句话说的：“成功都是原创的，无法被复制。”

所以，不论家长还是老师，在教育孩子的时候，千万不要抱着“让孩子把别人说的正确的路，重新走一遍就可以成功”的奢望。面对这样的时代，面对这样的环境，最有效的方式就是不断学习：孩子想进步，就要不断学科学知识、解题技巧；家长想进步，也要不断学教育理论、实操经验。只有这样，才能完成上文中所说的不断赋能。

西汉著名政治家、文学家贾谊曾经有过一句名言——爱出者爱返，福往者福来。意为：用爱对待别人，别人也会回之以爱；把福报送给别人，自己也会收获福报。在辅导孩子的过程中，你就会发现，起初你会抱着给孩子赋能的心态，最终被赋能的不只是孩子，还有你自己。

这一节的最后，附上一首我非常喜欢的诗——《你的孩子》，作者是黎巴嫩诗人纪伯伦。

**你的孩子**

纪伯伦

你的孩子不属于你

他们是生命的渴望

是生命自己的儿女

经由你来到世上，与你相伴

却有自己独立的轨迹

给他们爱而不是你的意志

孩子有自己的见地

给他一个栖身的家

不要把他的精神关闭

他们的灵魂属于明日世界

你无从闯入，梦中寻访也将被拒

让自己变得像个孩子

不要让孩子成为你的复制

昨天已经过去

生命向前奔涌

无法回头，川流不息

你是生命之弓，孩子是生命之矢

幸福而谦卑地弯身吧

把箭羽般的孩子射向远方

送往无际的未来

爱，是孩子的飞翔

也是你强健沉稳的姿态

# 这份食谱，让我高大又聪明

线上教育很多年，导致绝大部分家长和孩子都是通过屏幕看到我。所以，当家长和小朋友见到我真人的时候，通常会先吃一惊：“哇，傲德老师居然这么高！”

我从小就是个大高个儿，家里有一张小学入学体检表，那张表上写着我刚上小学一年级的身高是147厘米。六年后，我小学毕业，身高达到了183厘米。这样的身高以及比较优异的学习成绩，让我在从小居住的小院儿里小有名气，吸引来了街坊邻里向我的家人探讨教育方法。我小时候和爷爷奶奶在一起生活，奶奶就是我的“炊事班班长”。有一次，一位邻居问我奶奶：“你给你家大孙子吃的什么好吃的，他能长得这么高大？”

每次听到这样的问题，我的奶奶都是哈哈一笑。因为她其实没有什么秘方和妙招，只能实话实说告诉邻居，她的大孙子爱吃肉，所以她每天都给我炖骨头吃。

自那以后，我们小院旁边的肉铺生意就特别好。邻居们在奶奶的推荐下买一些猪骨棒和羊排骨回家，给孩子炖肉吃，希望自己的孩子也能高高大大，成绩优秀。

我之所以讲这个半开玩笑的故事，并不是想给大家什么具体的饮食方案，而是想说，在我成长的道路上，奶奶给过我一份更重要的“食谱”，那里面都是精神上的食粮。

## 奶奶的“食谱”

奶奶给过我很多精神食粮，前面我给大家分享过一个关于洗碗的故事，这里再给大家讲一个足球比赛的故事。

这个故事发生在我上小学二年级的时候。我们班要和隔壁班进行一场足球比赛，由我来组织足球队。其实对于踢足球这件事，我完全就是个门外汉，本身没有什么运动细胞，再加上我那时候只是一个二年级小屁孩，啥都不懂。但是无知者无畏，为了组织好班里的球队，我学着电视上看到的足球教练，在一张草稿纸上画上足球场、队员，还涂鸦了一些队员的跑位和所谓“战术”，给班里同学瞎讲一通。当时讲完了，连我自己都没当回事儿，那张“战术图纸”也被我随手一扔，不知丢哪儿去了。

球赛结束好几天后，奶奶在收拾房间时无意间看到了我的“战术图纸”。然后，她把这张图当成宝贝一样展示给全家人看，一边展示一边说：“你看我孙子，干什么事都这么有规划、有准备，踢个足球都能设计出战术图纸来……”

当时，受到表扬的我，有两个非常明显的感受。

第一个感受是被表扬得猝不及防，完全没想到自己的随手涂鸦得到了老人家的高度赞扬。第二个感受是恍然大悟，原来做事有规划、有准备是会得到认可的行为。这种感觉与上次我走丢，我妈妈表扬我替别人着想的感觉类似。这让我懂得了什么样的品质是宝贵的、值得珍惜的。

从那时开始，不管面对学习还是生活中的其他问题，我都会做到提前规划，做好十足的准备。

第二个故事，在我家发生过无数次。

上文提到，我奶奶经常给我炖肉、炖骨头吃，但是我啃起骨头来特别慢，一定要把所有的肉都啃得干干净净。这在急躁的家长看来就是一种磨蹭，有的家长会催促孩子："别吃了，吃个骨头一个小时过去了，浪费时间，你怎么这么磨蹭呢！快点儿，我要洗碗了……"

但是，我奶奶从来没有说过这样的话，她从来不会嫌弃我吃饭吃得慢，也不会催我。如果她着急洗碗，就把能洗的碗先洗干净。哪怕她洗完碗了，看见我还没吃完，也会先去做别的事，直到我吃好了再收拾。而且，她每次收拾桌子的时候，都会说："哎呀，你看我孙子，这个骨头啃得真干净，真厉害。"仿佛她的孙子不是一个儿童，而是一只小野兽，啃骨头是生存必备技能之一。

以上几个小故事，虽然表面上没什么关联，但每次我都能从奶奶的语言中感受到她因为我而自豪，因为我而骄傲。这种自豪和骄傲没有理由、没有条件，自然而然。

很多家长觉得我能考上北大，仿佛是因为有天赋，就像我生下来就自带光芒一样，但其实这些光芒都是我的家人用爱赋予的。

我经常看到有些家长控诉自己的孩子，说孩子磨蹭、不听话、浪费时间。但是细看我的童年经历，不难发现，我小时候的一些行为，和这些家长口中的孩子一样，充满不尽如人意的地方，我也绝对称不上是这些家长眼里的“好孩子”。我洗碗慢，在很多家长眼里就是做事磨蹭；组织足球队、画草图，在很多家长眼里就是不务正业、学习不认真；啃骨头的速度慢，在很多家长眼里就是典型的吃饭磨蹭。

但是，这些事在我奶奶眼中截然相反。我洗碗慢，在她眼里叫干活细心；我随手的涂鸦，在她眼里是做事有准备；我啃骨头速度慢，在她眼里仿佛是掌握了一种超能力。

同样的一件事，落在其他家长眼里，他们会说“别画了，别啃了，有这点儿工夫不如去做作业！”但我奶奶面对我的这些行为时，没有催促、没有唠叨，满满都是对我的认可。

## 如何做，孩子才能自信

人的自信从哪里来？家长怎么做才能让孩子建立自信呢？

我认为孩子获得自信要分成三个阶段（如下页图所示）。

第一阶段，并不是孩子自己认可自己，而是他得到了身边人的认可，所以建立自信的第一步是孩子心中想到“妈妈觉得我行”。这里的“妈妈”不单指妈妈，也可以是孩子爸爸、爷爷奶奶，甚至是老师。当身边亲近的人走进孩子的内心世界，肯定他、爱护他的时候，他就有了自信的小火苗。当孩子有了一点信心后，慢慢地就会敢于尝试，心态也会从刚开始的“我肯定不行”变成“我自己试试”，这个过程是培养孩子能力和养成好习惯的绝佳机会。孩子经过不断尝试，心态就变成了“我真的能行”，心态变化的结果最终会体现在成绩上。

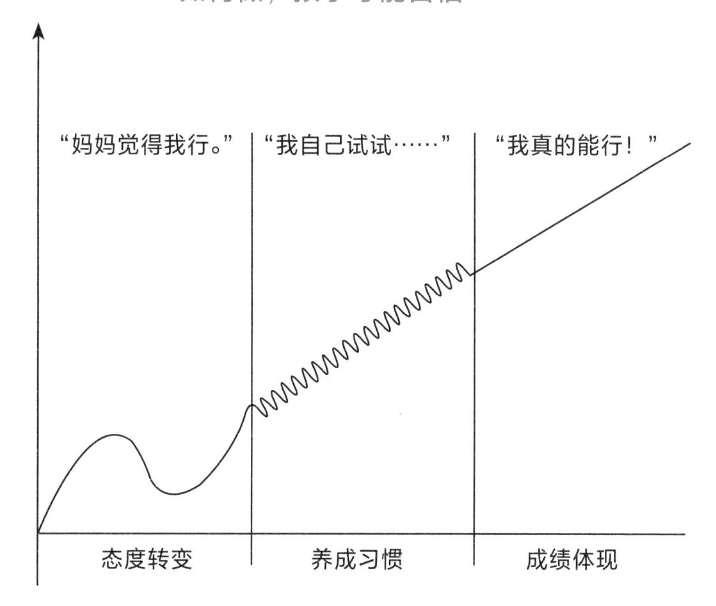


以上是孩子非常理想的建立自信的过程，然而在实际操作中，很多家长在第一阶段就败下阵来。当孩子处在建立自信的第一阶段，心理状态还非常脆弱时，家长一句嘲讽、一句催促、一句责备就会让孩子还没发育起来的自信心受挫。严重一点的，甚至直接否定自己，陷入自卑的深渊。

自信来自他人的信任，然后他人的信任才能转变为自己对自己的信任。

我的奶奶一直给予我信任，小时候只要我站在奶奶身边，奶奶一说“你看我孙子”，我就知道我该抬头挺胸接受表扬了。奶奶因为我而自豪，我因为奶奶的夸奖而充满自信。

# 仅凭一句话，我高考超常发挥

之前一直和大家分享我和家人之间发生的故事，这一节来讲讲老师在我成长道路上给予的帮助。

这是我和我最感恩的一位老师之间的故事。

她是我高中班主任兼化学老师。和大多数学生一样，我小时候在老师面前比较腼腆，不擅长和老师进行过多交流，所以整个高中阶段，我和班主任都没有太多深入的沟通。

一直到了高三年级四五月份，临近高考，当时我的成绩处于稳步上升的状态。一天下午，班主任把我叫到办公室，简单了解了一下我复习的情况以及身心的压力如何，然后说了一句话："从你中考的成绩以及你高三这一段时间的努力来看，傲德，你是一个大考发挥型选手，好好加油！"

这句话对我影响巨大，当时我就像被打了一剂强心针。这场极其简短的交谈，瞬间激发了我作战的信心和斗志。之后，我没和任何人提起过这次谈话，就憋着这股劲想把老师的认可转化成高考真正的结果。

## 高考的惊魂时刻

等到高考时，第一天考的语文、数学都比较顺利，第二天上午考的理综（物理、生物、化学的综合）却出现了问题。其中物理最后一道题很难，我压根儿不会做，生物最后一道题，做是做出来了，但我也没有百分之百的把握。

在考完理综后的下午，也就是英语考试前，我碰到了我们班的学霸，多嘴和他讨论起上午理综的考题。学霸对物理最后一道大题侃侃而谈，我听得云里雾里。紧接着，我犯了一个致命的错误。我问他："生物最后一道大题你是啥思路？"结果发现生物的最后一道题我和他的解题思路完全不一样。我从第一个解题环节就和学霸完全不同，越到后面偏离越大，我越听心里越发怵。

学霸讲完题走了，只剩我木头一样站在原地。

我当时脑子里一片空白，心想：完蛋了，物理最后一道题完全不会，还有心理准备，生物最后一道题也错了，这下完蛋了……

但是没过多久，我脑子里就出现了班主任说的这句话——"傲德，你是一个大考发挥型选手。"我的班主任是一位非常优秀的老师，在教育方面非常有经验，她教过那么多届高三学生，处理过无数考场状况，她说我是个大考发挥型选手，那我一定就是！瞬间，我重拾自信，赶紧醒了醒脑子，提醒自己："过去的事已经过去，接下来要面对的是英语考试，我要尽情发挥，在英语上把分挣回来。"

等到高考出分的那天，查分后发现语文、数学都取得了预料之内的分数，而理综竟然也得了 281 分（满分 300 分），这对当时的我来说绝对是破天荒的超常发挥了。更重要的是，不仅理综取得了意想不到的成绩，高考第二天的小插曲也没有影响我的英语发挥，我的英语拿到了将近 140 分的高分。后来我才知道，原来生物最后一道题只要是按照正确的实验思路，是可以有不同解法的。

回想起来，我在英语考试前的及时调整，要归功于我的高中班主任。正是她给予我强大的心理暗示，才没有让我被想象中的“失误”所影响，从而保证了下午英语考试的正常发挥。

## 如何提升考场发挥能力

依照我的经验，一场考试的成绩，70% 由自身绝对实力决定，另外 30% 由临场发挥决定。当然，绝对实力越强的人，往往临场发挥能力也越强。但除了绝对实力外，其他因素也会对临场发挥产生巨大影响。

其中一项影响因素就是自我评估，例如上文中我的故事。其实客观来讲，我是不是一个大考发挥型选手，没有任何一个人能说得清楚。即便是我的老师，她也没有一整套系统的评估方案来鉴定出我是否具备很强的大考发挥能力。但是，老师在备考期间跟我的一番谈话，却真实地提高了我的考场发挥能力。那番话对我产生的影响究竟是什么呢？

我认为它提升了我对自己的评估。

我高考时出了状况，极度紧张、担忧，但是班主任对我的正面评价保护了我，让我能够冷静下来，调整心态，从担忧、害怕变得从容、自信，使我下午的考试得以发挥出真实水平。从容和自信才是提升发挥能力最重要的因素。

而这次高考的成功，又起到了正反馈的作用，仿佛验证了我高中班主任的观点，致使在之后的人生中，我越来越相信我是个大考发挥型选手。

后来，我参加了雅思、GMAT、MBA 硕士联考等重要考试。每次在这些大型考试的备考过程中，我的脑海里都会回想起我高中班主任对我说的那句："傲德，你是一个大考发挥型选手。"这句话给了我巨大的从容和自信，它让我面对大大小小的考试时都能够冷静、淡定地进行备考。在任何一次考试备考过程中，我都不可避免地出现了情绪和能力上的波动，但是这句话帮助我化解了这些问题。

在后来的这些经历中，我印象最深的就是 GMAT 考试的作文题目。这道题目难度很大，其中一个重要考查指标是文章单词数。在备考期间，我每天都在电脑上掐着考试时间训练写作。但持续训练两个月后，我的作文水平依旧不见提升。对于很多人来讲，这时会把能力上的不足转化为情绪上的宣泄，表现出急躁、自我否定等情绪。但是，我从来没有这样的情况，我的内心深处一直在回荡着一个声音："傲德，你是一个大考发挥型选手。"正式考试的前两天，我坐在电脑屏幕前，准备进行最后一次作文模考。我深呼吸告诉自己，抛开一切杂念，尽量不要在中途停下来思考下文怎么写，一定要让自己的手始终处于打字状态，在规定时间内，尽全力看看自己能否写出单词数更多的文章。

抱着这样的信念，我按下了模考计时器。

令人欣慰的是，在计时停止的一瞬间，我写出了一篇自备考以来字数最多的作文，完全达到了考试作文的要求。

事后，我认真总结了这次写作的经验和状态。在 GMAT 考试当天，我在考场上几乎百分之百复制了模考的考试状态，最终作文考到了 5.5 分的高分（GMAT 作文考试满分 6.0，最小间隔为 0.5 分。一般考生考到 5.0，已经是非常优秀的成绩了）。

这一系列的经历，再次印证了前面提到的观点：在影响学习效果的众多因素中，能力很重要，但是比能力更重要的是一个人对自己的评估。自我评价高的孩子，就拥有较高的能力感。

能力感才是培养孩子能力的根基源泉。我们要想让孩子具备在考试中脱颖而出的能力，就先要让他感受到强大的能力感。所以，真诚地给予孩子正向的反馈，提升他的自我评价，是让一个孩子走向成功的第一步。

# 保护孩子的每一个梦

平常在和家长、孩子的沟通中，我总能感受到很多家长对我的成长经历有一种莫名的羡慕。之前就有家长对我说："傲德老师，作为学生，你进入全国顶级的学府北京大学，作为老师，你又有众多喜欢你的学生，你是不是从小就一帆风顺啊？"

在家长们眼里，我迄今为止的人生好像非常顺遂，没有缺憾。但是事实是，我也有过很多困难和遗憾，其中最大的遗憾就是，我有一个很可能无法实现的音乐梦。

## 我无疾而终的音乐梦

我从小就非常喜欢音乐，一度希望未来能够从事跟音乐和艺术相关的工作，但是到目前为止，我这个人生理想还没有任何可能实现的迹象。

我明明对音乐充满热爱，父母也全力支持我追求音乐梦想，但我的音乐梦依旧无疾而终。当我们把时钟拨回过去，我失败的根源可以追溯到人生的第一节钢琴课。在这里，我将它作为一个错误案例分享出来，希望家长和老师注意到艺术教育中“白天”的“鬼”。

当时，我四岁半。一个夏日的下午，家人领着我去上钢琴课。老师是一个年纪比较大的奶奶，还有一个比我大的小姑娘也在学。这位老师跟我说的第一段话就是：“你看见那个姐姐了吗？她弹得很好，但你知道她是怎么练出来的吗？是我拿针扎出来的。只要她弹得不对，我就拿针扎她的手……”

可想而知，这句话给一个四岁半的小朋友带来了多大的心理阴影。当时，我脑袋里已经完全装不进钢琴，满脑子都是一双鲜血淋漓、满是针孔的小手。仿佛下一刻，这双小手的惨状就会出现在我身上。

随后，这位老师又跟我说：“回去要好好练琴，老师在你们家装了摄像机，你每天怎么练琴我都能看到。”

四岁半的我对老师的“叮嘱”百分之百相信，每次我在家里打开钢琴盖的时候，都感觉到有一个摄像头自动开启，老师无时无刻不在监督我练琴的表现。这让我如坐针毡，更别说全身心地练习弹钢琴了。大家可以想象一下，当你做某件事时，一个极具压迫感的人站在你身后，对你进行无时无刻、无孔不入的监视，那样的状态下，你怎么可能全神贯注地做好事情呢？

那段时间，我关于钢琴的所有记忆都是恐惧，想着自己被每时每刻地监视，而且做不好还要被针扎的场景，我的心态是崩溃的。学习音乐的动力演变成了痛苦，因此练钢琴成了我童年的最大阴影。那种感觉，现在想起来都能让我汗毛直立。

正因如此，我的音乐之路刚开始便跌入了谷底。

即便这样，我还是硬着头皮咬着牙学了10年钢琴。在这个过程中，我所接受的钢琴教育依旧以恐吓为主。其他学了10年琴的孩子可能已经到了八级或者十级的水平，而当时我的水平只能报名四级考试。

坐在钢琴四级的考场上，我非常紧张，双手止不住地颤抖，弹出的每一个音似乎都是颤音。在外人看来，这个场景仿佛带着喜剧色彩，但其实这颤音背后，是我无法战胜的心底的恐惧。所以，当时我的四级考试根本没有通过，最终学琴10年，只达到了可笑的二级水平。

将我学琴的故事和上文中高考的故事做对比，你就会发现，在一个孩子的能力养成之前，鼓励、认可和威胁、恐吓，两种教育方式导致的结果有天壤之别。

我相信，类似这样恐吓式的教育不止发生在我的身上，大部分的中国孩子都经历过家长的恐吓。比如，“你再不好好学习，这辈子就完蛋了”“这回再考不好，就别回家了”“你再练不好琴，我就把琴砸了”等。家长的这些行为表面上是想让孩子变得优秀，但其本质上都是通过恐吓的手段来控制孩子，这是最低劣的教育方法。

之前我看过一个视频，一个骨科医生谈到驼背和脊柱侧弯的问题。他在视频中说道：“现在，儿童驼背和脊柱侧弯问题越来越多。你如果担心孩子驼背，就给他看看这些在做脊柱侧弯矫正的视频，他就不会也不敢扭着身子坐了。”接着，视频中的医生拿出好几张浑身戴满医疗器械的孩子的照片，试图用这些照片吓住孩子，让他们自觉矫正坐姿。

讲到这里，也许很多读者会赞同这位医生的做法，但我在评论区看到了恐吓教育的真实效果。评论中点赞最多的评论就是：“看也看了，说也说了，一副无所谓的样子，气得我浑身疼。”

为什么这样恐吓式的教育方法没有达到我们预期的效果？

因为孩子心里清楚，他的驼背没有视频中演示的那么严重，他坐姿不正确导致的结果也没那么夸张。视频中那种疾病是多方面因素造成的，不能用坐姿不正确一概而论。当你试图用这样的视频吓住孩子，反而会让他产生抵触情绪，导致评论中出现的结果。

恐吓教育还发生在生活的各个场景中。比如逛商场的时候，孩子想买一个玩具，但是家长不想买，就找借口说："这个东西太贵了，买了这个，妈妈就没钱买菜了。"这本质上也是一种恐吓的教育方式。

如果你真的不想买，或者觉得太贵了，可以以一种积极、坦诚的方式告诉孩子。你可以大胆承认"因为这个东西贵，爸爸妈妈舍不得买"的事实。我们千万不能因为不敢承认自己的不舍得，而用恐吓的方式试图唬住孩子。

当你对孩子坦诚之后，孩子也会尝试理解你的想法和难处，也许你们可以找到一个便宜的替代品，满足双方的需求。总的来说，千万不要试图用恐吓的方式去教育、控制孩子，这是低劣的教育方式。每个小朋友都不傻，他们是吓不住的。

恐吓教育给我造成了巨大的童年阴影，我希望大家看到我练琴的故事后，可以不让类似的阴影出现在其他孩子身上。

## 我心中的艺术教育

坦白来说，上文中我接受的艺术教育是极其失败的，只能作为一个反面教材供大家反思。但在我对练钢琴产生如此巨大的心理阴影，并产生了严重的抵触情绪后，我还是心存对音乐的追求和热忱，因为我在其他经历上又找回了热爱音乐的动力。

这段经历要感谢我的母亲，她在我练琴这件事上付出了很多精力和心血。虽然我学钢琴没有收获好的成效，但她一次无心插柳的举动，点燃了我内心音乐的火种。

1998 年，那年我 9 岁。当时，中国最著名的摇滚乐队之一“黑豹乐队”来我的家乡呼和浩特举办了一场演唱会。我母亲的朋友送了她三张门票，对于一般家长而言，很可能觉得摇滚演唱会这种活动不适合小孩子参加。但是，我母亲并没有这方面的顾虑，在陪伴我成长的道路上，她一直都怀着开放、包容的心态。这次也不例外，她带着我和我的表哥一起去看了这场演唱会。

那是我人生第一次感受摇滚乐的魅力，也是第一次感受现场演出的魅力。当时，有两幕场景让我至今难忘。

第一幕是黑豹乐队唱了一首代表作《无地自容》，这首歌知名度实在太高了。当时，全场数千人一起大合唱，让人热血沸腾的音乐，再加上全场观众亢奋的状态，给 9 岁的我带来了非常巨大的心理震撼。

第二幕是黑豹乐队演唱《放心走吧》，这首歌是为他们一个已逝的朋友创作的。当前奏响起时，全场的灯光就暗了下来，众多观众点燃打火机彼此呼应，我再一次被现场的氛围感染。舒缓而哀伤的音乐缓缓流出，黑暗中跳动着无数火苗，这样的场景让我感受到了音乐的美好与纯粹。（那个年代管控不严格，所以会有现场点打火机的行为。这种行为本身是不遵守公共秩序的，这里并不提倡。）

在我当老师后，我不断反思自己接受的钢琴教育和上文中提到的艺术教育，二者究竟有什么不同？最终，我得出一个结论：我认为现在绝大多数艺术教育的问题是过度重视所谓的“基本功练习”，而忽略了对艺术本身美的感受。

以练钢琴为例，我小时候第一节课弹的是最枯燥的小汤普森，就是反复训练全音符的 do。这完全是一种机械化的训练，学琴的人感受不到任何音乐的美。然而在现实生活中，这种教育方式依然是绝大多数钢琴老师使用的教学方式。这会让孩子对音乐的第一印象是负面的、无趣的，甚至有很多孩子会像我小时候一样，在枯燥乏味的指法练习中，逐渐耗尽对音乐那点刚刚萌生的热爱与好奇。

所以，我心中的艺术教育是：如果孩子想学习艺术，先不要教他某个具体乐器的操作，也不要一上来就进行没完没了的基本功训练，最重要的是先让他感受艺术的美。就像上文中我的故事一样，我在真正感受到现场音乐的美妙和力量后，才会有动力克服接踵而来的长期枯燥、无聊的练习。

如果孩子还没感受到艺术强大的感染力和吸引力，就让他不停地重复枯燥的基本功训练，就是在增加负能量，会出现各种问题。一些孩子钢琴考完十级以后，就发誓这辈子再也不碰钢琴了。这就是因为他在学琴过程中经历了太多磨难，最终让他对钢琴的感情从喜爱变成厌恶。

艺术教育和数学教育看似无关，但我童年的噩梦在很多学科教育中也在不断上演。比如，让孩子背古诗，只追求数量，从没有让孩子真正感受过诗人想表达的情感，结果古诗变成了顺口溜，毫无美感可言。

数学也是一样，每天让孩子刷题，貌似孩子计算的速度越来越快，正确率越来越高，但这只是机械性的重复劳动，孩子从来没有感受过思维被启迪的快乐与沉入思考中的美好，结果只能让他们丢掉数学的综合思维和思考习惯。

当然，我们生活中也有非常好的教育案例。比如，有一次我去看杭盖乐队的现场演出，坐在我前面一排的是一对夫妻带着一个四五岁的小朋友。

整场演出中，父母带着孩子舞动双手，感受音乐的律动。爸爸妈妈脸上洋溢着快乐的笑容，孩子的脸上也满是幸福。看到这一幕，我感动得直掉眼泪。这让我想起了 9 岁时，黑豹乐队带着给我的触动。我认为这就是给孩子最好的艺术教育、最好的音乐启蒙。

综上，我认为最好的教育不是让孩子练了多少基本功，而是让孩子内心对艺术本身产生强烈的追求和向往。对于大部分人而言，我们并不是一定要成为艺术家，但我们要学会感受艺术的乐趣。乐趣才会带来热爱，而只有热爱才能带来坚持。

我经常会反问家长一个问题："你们希望把孩子培养成一个什么样的人？"

家长一般都会回答，希望孩子独立、勇敢、爱思考、乐观、自信等。但是，当家长和我聊起孩子具体的毛病和问题时，他们的关注点却落在了孩子因为粗心又丢了几分、孩子巧算不会技巧等问题上。这样的反馈给我的感觉是每个家长都想把孩子培养成了不起的数学家。

在艺术方面也是一样，当我问家长："你为什么让孩子学乐器？"大部分的家长都会说："我希望让他感受音乐的美，希望他有音乐的素养，陶冶情操……"但是，当孩子真正学起音乐的时候，家长似乎都想把孩子培养成下一个莫扎特。

无论是艺术教育还是数学教育，我们在教育的过程中，都不要迷失自己的初心。

# 如何让孩子真正爱上学习

有很多家长问我：如何能让孩子爱上学习？

每当我思考这个问题时，都会回想起自己高三备考时的状态，那是我对学习最狂热的一段时光。在这一节中，我将借我备战高考的故事，和大家分享我认为的让孩子爱上学习的方法。

## 从天堂到地狱，再到人间

我小学和初中的学习成绩都是十分优秀的，中考时我以全市第 12 名的成绩顺利考入当地最好的高中。而且，我的入学成绩也是班级第一名，所以当时是有一些飘飘然的。

万万没想到，高一第一次月考就给了我当头一棒。我在年级的排名从入学时的十几名一下掉到 60 多名，之后一直在年级 100 名左右徘徊，一直持续到高三。高三一开学，我的数学和物理跟不上，成绩继续往下掉，最差的一次月考成绩排名跌落到年级 200 名。

屋漏偏逢连夜雨，那时候我又生了胃病。任何油腻的食物都不能吃，清淡的食物也是吃一顿吐半顿，导致体重急剧下降，三个半月的时间瘦了 20 千克，营养吸收不足，身体状况非常差。

但就是在这种状态下，我每天还是学习到凌晨一点半左右，第二天六点半起床。我的课桌一边是摞起来的半米高的课本和练习册，一边放着三四瓶胃药。整个高三上学期都是这样“不要命”式的学习状态。

终于，皇天不负有心人，经过我的刻苦努力，1 月的高三上学期期末考试，我的成绩重新回到了年级 60 多名；高三下学期一开学，3 月全市第一次模拟考试，我的成绩上升到年级 36 名；4 月第二次模拟考试上升到年级 26 名；5 月第三次模拟考试上升到年级 13 名；6 月高考，我的成绩定格在年级第 8 名，考入了北京大学。

这么多年过去了，这几次模拟考的排名，我依然记忆犹新。

## 如何让孩子主动学习

分享这段经历，不是为了炫耀我的成绩进步有多快，或者我有多聪明，而是为了回答家长经常问的那个问题：“怎么让我们家孩子刻苦、主动地学习？”每当有家长问我这个问题时，我都会想起上文说的那段“头悬梁，锥刺股”的日子，到底是什么样的力量在驱动我如此极端“不要命”地热爱学习呢？

我曾经认真思考过这个问题，当时没有任何人给我压力，反而是怕我的身体扛不住，家人都劝我早点休息，先养好身体再说。但我凭着一股不服输、不认命的劲儿，咬牙坚持。

这种情况与很多家长见到的完全相反，很多家长对我说在孩子高中阶段，他们给孩子讲了许多道理，提了很多要求，但孩子依旧不知道努力。我仔细研究了我高中时期的这段经历，又与家长们反映的情况做了认真比对。我发现我高中学习很刻苦是不假，但是很多家长都把观点局限在了孩子是否刻苦、是否努力这件事上，好像只要孩子努力、刻苦了，像我一样不要命地付出了，就一定会变成有出息的人。但只要我们客观思考一下，就会明白，只依靠刻苦是不足以成就一个人的。

那么，成就一个人的究竟是什么呢？

前面的章节中，我总结出了冰山模型，依靠这个模型，我想我可以很好地解答这个问题。

在我表面的刻苦表现背后，有着深层次的驱动因素，那就是我的思考习惯和学科情感。

得益于我从小的学习经历以及对学习好的感受，思考已经成为我行为中的一种惯性，深入我生活的方方面面。当我遇到困难时，第一时间潜意识做出的决定就是先想一想如何去解决问题，而不是选择逃避或者抱怨。良好的学习情感得益于我在过往的学习经历中，并没有什么痛苦回忆。如果我的上学经历像我的学钢琴经历那么痛苦的话，我想，不要说在胃病压力下备战高考，就连中考都足以将我压垮。

这些好的习惯和情感都源自家人和老师给予我的关爱感、能力感和自主感。

在冰山模型中，无论是学习层面还是思考习惯和学科情感，都属于能力的范畴。能力并不会凭空出现，外界也难以给予，能力只能靠自身积蓄而来，而生成能力的原材料就是上文说到的“三感”。正是这“三感”造就了高三时期“不要命”奋力一搏的我。

当我有了这“三感”，我所有的努力不是为了击败谁，也不是为了和谁比拼，只是为了让自己变得更好。学习如此，工作亦如此，我们都应该为了成为更好的自己而努力。这也成为我的人生目标，由此产生的内驱力才是一个人追求幸福的动力源泉。

当一个人内化了关爱感、能力感和自主感之后，就形成了强大内驱力。

有些家长只看到别人家的孩子刻苦学习的状态，就逼迫自己的孩子去盲目努力。其实他们没有明白深层的原因，觉得好像只要“依葫芦画瓢”，自家孩子像别人家孩子一样拼命学习、拼命刷题、拼命熬夜，就一定能考好。事实显然不是这样，奋进的前提是内心情感的丰盈和内心力量的强大，不是仅凭外在的模仿就能实现的。

如果想要孩子有出息，除孩子自身努力之外，还必须具备两个条件：一个是要有好父母来爱，另一个是要有好老师来教。只有这两点都具备了，你的孩子才会取得真正的成功。

回顾我自己高三的这段经历，如果我的人生可以重新来过的话，我不会像当时那样拼命。

现在的我全身心投入教育事业中，当我对教育理解得越多，我就越来越明白学习的本质。对于我自己那段过往的岁月，我感到非常遗憾。遗憾之处在于我当时缺少合适引路人的引导，傻呵呵地认为努力可以解决很多问题。但是，如果我当时能遇见一些更好的老师，在我的弱势科目上给予我更好的引导，帮我用更加通俗易懂的方式解读知识点，教我更多实用技巧，我相信我也不用熬那么多夜，我的胃病也可以康复得更快。

所以，我们千万不能盲目迷信努力，努力很重要，但比努力更重要的是要先掌握方向、先学会方法。

我的高考备战经历是让人庆幸的，也是不幸的。庆幸的点在于我最后获得了不错的结果，不幸的点在于我浪费了很多本可以节省下来的时间和精力。而这些浪费，对于当时我的心态造成了巨大冲击。

回到这一节的标题，我认为孩子不需要爱上学习，他只需要接受学习、乐于学习就可以了。学习不是某一段时间的热情，而应该是伴随我们一生的一种行为习惯。

# 如何给孩子物质奖励

经常有家长问我："该怎么给孩子物质奖励？"

在这里，我给大家分享一个我得到的物质奖励——一台索尼随身听的故事。讲完这个故事，我将和各位家长一起探讨物质奖励层面和孩子的相处之道。

2000年左右，我得到了人生中第一台索尼随身听。

我小时候特别喜欢听歌，每天放学后，就拎着比砖头还要大、还要厚的磁带播放器，在家里晃悠来、晃悠去。我父亲看到这一幕，觉得我拎着一块"砖头"实在太不方便，就想送我一台随身听。

在此之前，父亲和母亲刚刚经历下岗潮，双双失业，得到了一份"买断工龄"的补偿金。我记得很清楚，父亲的买断工龄补偿金一共4000元。刚拿到这笔补偿金，父亲就带着我去了音像店，给我买了我心心念念的随身听。进店后，我一眼就看中了最好的一台索尼随身听，价格是1730元，差不多是父亲补偿金的一半，但他二话没说直接就给我买了。

当时年幼的我不明白父亲这4000元有多珍贵，这是他用自己十几年的工龄换来的。父亲以后就没有工作了，但他仍然愿意从里面拿出将近一半的钱来为他的儿子买一台随身听。

后来，这台随身听伴随我度过了小学、初中、高中时期。时至今日，还被我珍藏着。

这个故事讲完，肯定有很多家长会觉得当时的我真不懂事、太浪费，不懂得勤俭节约，不懂为爸爸考虑。

但现在回头看，我对父亲当时的这个行为充满感激之情。如果当时他也像其他家长一样，一边训斥我不懂事，一边随便扔给我一个便宜的随身听，那这件事对我的触动和影响也就没有那么大了。

之所以讲这个故事，是因为总有家长问我："孩子考好了，该不该给他奖励？""孩子考完试，总管我要奖励怎么办？""为了激励我家孩子进步，我是不是应该给他物质刺激？"

回到我父亲的这个例子，他在给我买随身听的时候，是没有任何条件的。我家当时经济条件并不宽裕，但是母亲可以花血本给我买钢琴，父亲毫不犹豫地给我买了索尼随身听，他们在给我物质奖励的时候，只是单纯地关爱我，与我的学习成绩和平时表现没有关系。给孩子送礼物这种行为，与孩子的"优劣"无关，只看为人父母是否愿意用这种方式表达对孩子的感情。

当然，这并不是在煽动家长给孩子买最贵的礼物，而是想呼吁家长，如果孩子真的很喜欢某一样东西，同时买这样东西也在家长的支付能力范围内，那就不要讲任何条件，直接买就好了。如果超出了支付能力，也不要编理由、找借口，或者把责任推给孩子。比如，家长不想花 1700 元给孩子买随身听，却跟孩子说："因为你这次没考好，所以我不能给你买 1700 元的，只能给你买 500 元的。"家长们不要因为自己的支付能力、支付意愿不能满足孩子的需求，就把不满足孩子需求的原因归咎到孩子表现不好、成绩差上。不要让孩子为你的不情愿买单，这样做只会给孩子带来伤害。家长需要对孩子坦诚相待、实话实说，要知道孩子并非对家里的经济状况一无所知，其实他对于经济状况是有初步概念和模糊认知的。

概括起来，就是能买就买，想买就买，不能买、不想买就跟孩子实话实说。实话实说、实事求是才是最重要的相处之道。

抛开经济条件的限制，在给孩子送礼物之前，家长还需要厘清两个概念：奖励是奖励，成绩是成绩。二者不要混为一谈。

为了更好地理解，请家长们将自己代入一个“奖励”和“成绩”挂钩的世界中。

比如，你是一位妈妈，一周后就是你和爱人的结婚纪念日，你的爱人打算在纪念日当天送你一份你期待已久的礼物。但这个礼物有点贵，你爱人虽然买得起，但还是会有点心疼。于是，你的爱人对你说：“接下来的一周，你每天把碗洗得干干净净的，把地拖得闪闪发光的，结婚纪念日，我就送你一份你心仪的礼物。”

各位家长，当你听到这句话时，是什么感觉？是不是感觉对方没有那么爱你或者他的爱是有条件的？无论是哪种想法，想必你心里都十分不舒服。

家长如果想给孩子买礼物，就大大方方、痛痛快快地买，不要讲条件，不要和孩子的日常表现和考试成绩挂钩。否则只会给孩子的情感带来混乱，孩子学习的目标也会被扭曲，孩子会认为他学习就是为了得到奖励。如果以后没有奖励，他很大可能就不会好好学习了。

很多家长纠结于怎么给孩子买礼物，是因为他们不知道孩子考好了给他买礼物这件事会带来什么样的结果。当搞清楚奖励和成绩不应该挂钩的时候，你就知道接下来该怎么做了。

# 不必苛责自己，世上没有完美的父母

在本章中，我一方面和大家分享我个人的成长经历和求学故事，另一方面也带大家了解这些事件背后隐藏的教育原理和规律。

之所以洋洋洒洒写这么多，是期望我所分享的故事能给大家带来一些启发和思考，毕竟临渊羡鱼，不如退而结网。希望我的经历和建议能为各位读者以及各位读者的孩子，在教育、求学、亲子关系等各方面提供一些帮助。

当然，这一章分享的故事都是有选择性的，我的经历并不是只有积极、美好的一面，也有消沉、萎靡的一面。如果家长发现自己的教育方式曾经给孩子带来过一些伤害，也不必过分苛责自己，觉得自己以前做得太差劲，总是骂孩子、打孩子，不懂得怎么去引导。其实我们也不用斤斤计较，世界上没有完美的孩子，也没有完美的家长和老师。我们在教育孩子的过程中，难免有一些无意识的行为会对孩子造成伤害，但是只要我们给孩子的关爱能够胜过对他们的伤害，他们就依然能感受到自己是被父母关爱着的。而且，胜出的程度越大，孩子未来优秀的可能性就越大。

我的父亲让我学会了洒脱，爷爷让我懂得了严谨，奶奶给了我自信，妈妈给了我勇气，这些都是他们给予我的积极、正面的能量。他们当然也曾传递给我一些负面的情绪，庆幸的是他们每个人在不同的维度都有所担当，对我产生了深远的影响，成就了我今天的样子。

每个人都有情绪，家长也在所难免。当你的情绪出现之后，不应该自责，而是应该自我反省，理性地思考一下情绪产生的原因。比如，是“三重脑”导致你难以控制自己的愤怒，还是之前你对孩子粗心背后的问题不理解导致产生了焦虑？理解了这些，你就可以对自己行为的结果做出一种确定性的预测，也便不会因为迷茫而纠结了。

最后，我想送给各位家长六个字：自省而不自责。如此才能让一个不完美的家长越来越接近完美。

# 6

# 我们都应该理解教育的本质

前面几章，我介绍了很多我对学习的思考和结论，也分享了一些关于数学教育的具体方法和理念。在本书的最后，我想回到教育的原点，聊一聊我心中的教育应该是什么样的。

# 教育孩子前，先理解什么是教育

## 什么是教育

家长每天都在教育孩子，身边和网络上也有很多人整天在谈教育，但如果问“什么是教育”，绝大部分人是没有清晰的概念的。

这就有些讽刺了，我们不知道什么是教育，却每天都在教育自己的孩子。

学术界对“教育”的官方解释分两个层面：狭义的教育指专门组织的学校教育，也就是我们常见的教师在学校授课；广义的教育涵盖所有影响人们身心发展的社会实践活动，并不仅仅指在学校里学习，还包括生活中每时每刻发生的事。我们常说的“无师自通”，本质上并不是真的没有老师，而是“处处为师”，生活中的点点滴滴都可以教育孩子，影响孩子的身心发展。这些都属于广义的教育，是让孩子变得更加优秀的教育契机。

为了方便理解，我站在老师的角度对教育做出简单、通俗的诠释，教育分为两个层面：一个是教本领，一个是育人心。教本领包括教授学科知识、文化才艺、解决问题的方法等，这个主要由老师来教导。比教本领更重要的是育人心，主要是靠父母发挥作用。

在日常生活中，我们会发现，一个孩子的内心越健全，他对外界环境的适应能力就越强。孩子内心的强大需要父母做引导，往往父母引导得越好，孩子对外界环境的容忍度、适应力就越高。回想一下我们前面提到的成长色彩理论，一个孩子成长的白纸上色彩越缤纷，溶解黑色的能力就越强。反之，如果一个孩子成长的白纸上被涂满黑色，那么再鲜亮的颜色都将被吞噬。

概括起来说，教育最核心的是育人心，其次才是教本领。

在我这些年的教学过程中，家长向我提过各种“教本领”范畴的问题，比如孩子数学学习习惯不好、总磨蹭、小动作比较多、听课不认真等。究其原因，不是因为孩子学科学习方面出现了问题，而是因为孩子的内心受到了创伤。如果一个孩子的内心强大，哪怕能力暂时弱一点也没关系，因为孩子内心健全，就会去学习培养、获取能力。没有人生下来能力就强，大家都是以内心健康为基础，后天进行学习。但是，如果孩子的内心遭受创伤，失去了内心的能量，就很难再自己主动去学习了，内心的能量才是一切能力的源头。

我心中的教育，不是要求，不是打骂，不是催促，不是埋怨，不是对比，而是在理解基础上的反馈和给予，建立起父母或老师与孩子之间的默契和信任，帮助孩子成就一个更好的自己的过程。

详细解读这段话，前面的五个“不是”——“不是要求，不是打骂，不是催促，不是埋怨，不是对比”——是日常教育中，我们最应该遵循的原则。而“不是”后面的这些词——要求、打骂、催促、埋怨、对比，这是我们最容易走入的误区。我们总是认为，给孩子提要求，他就一定要做到。如果做不到，我们就有资格去打骂或催促他们。最后，我们发现事与愿违，留给孩子的只有抱怨。我们还将自己的孩子和别人家的孩子做比较，伤害孩子。这要求、打骂、催促、埋怨、对比，除了给孩子带来伤害、破坏亲子关系外，正面作用微乎其微。我们想让孩子变得更好，首先要做的是去理解孩子。

所以，基于上面的解读，我得出结论：理解是教育的基础。

为什么在辅导孩子做作业的时候，家长觉得很简单的题目他却看不懂呢？因为“成年人眼里的理所当然，都是孩子世界里的前所未见”。如果家长连这个都理解不了，就没办法和孩子共情，那么孩子所有的行为在家长眼里都是荒谬、错误的，教育也就无从谈起了。

在理解的基础建立后，对孩子言行的反馈和给予就是教育的途径。当我和母亲说怕自己走丢让她担心的时候，她给我的反馈是双眼含泪，非常感动地安抚我的情绪；当我想要一台随身听的时候，我父亲给予我的是用买断工龄的钱买了一台最贵的随身听。

这都是一些很小很小的事情，但这些小事给了我大大的能量，原因就是家人们能理解我：母亲认为孩子这么小就能替别人着想，是优秀的品质；父亲认为我喜欢每天听音乐，应该有一台好的音乐设备。这些都是建立在理解基础上的反馈和给予，保护了我的学习情感，让我建立起学习的自信。

家长对孩子进行正确反馈和给予后，双方才会建立默契和信任，而默契和信任是教育的保证。很多家长会向我诉苦，说孩子到了青春期不好管了，说什么都不听。在我看来，如果你能明显地感知到孩子的青春期，那么说明你的家庭教育中一定存在某些失败的因素。这些因素在青春期前的很长一段时间都不会显现出来，而是一直堆积在孩子心中。一旦青春期来临，孩子的身心发育到一定程度后会集中爆发出来。所以，青春期强烈的反叛，其实只是儿童时期家长在孩子心中放置的一颗定时炸弹爆炸了。

青春期的孩子如果和父母关系不好，会有两种表现。一种是敷衍家长，家长让孩子做什么，他口头上应着，实际并不执行。有些上初中和高中的孩子，每天一回到家换了鞋就直接进了自己的卧室，吃饭都不出来，和父母也没有任何交流。另一种是孩子把和父母的矛盾直接升级为斗争，又吵又闹，甚至是离家出走。这两种极端表现的直接原因就是孩子和家长之间没有基本的信任，孩子有任何问题都不会去找家长，因为他从以往和家长相处的经验中形成了一种认知：我的父母一定会站在我的对立面，我遇到困难后找父母帮忙没有任何意义，甚至还会换来一顿唠叨。

在我成长的道路上，默契和信任贯穿始终，在我和家人的故事中处处体现了出来。无论我做什么，我的奶奶都会信任我、支持我。当她提起我时，一定充满自豪，这就是奶奶和我之间的信任。当我父亲把我从游戏厅揪出来的时候，他没有责备我，只说："作业做完了没？以后不要撒谎。"我就明白父亲不在乎我打不打游戏，他重视的是我的作业和我撒谎的行为。之后我和父亲就形成了默契，只要我不撒谎，按时完成作业，我就可以自由自在地去玩耍。

所以，教育的基础是理解，途径是反馈和给予，保证是默契和信任，而我们最终要达成的目标是什么呢？

教育的目标不是培养金字塔顶端的少数人，也不是让孩子实现家长指定的梦想，而是帮助孩子成就一个更好的自己。

老话说"望子成龙，望女成凤"，我觉得这句话并不准确，应该是"助子成龙，助女成凤"。在孩子成长的过程中，孩子才是主角，家长应该是辅助者的角色，帮助孩子成就自己的人生。

## 教育者的四大阶段

说完了我心中的教育是什么，接下来我也想跟大家分享一下我们应该怎样做教育。

我把一个教育者的进阶之路分为四大阶段。

### 最初级的阶段叫作“用权”

这里的“权”指的是权力。家长和老师在教育孩子的时候，往往有一种莫名的优越感和控制欲，觉得自己天然拥有控制、打骂、催促、埋怨孩子的权力。这里，我们姑且不讨论家长和老师有没有这种权力，但只要家长和老师用过多的权力来“教育”孩子，那只能说明他们的手段太过单一，而且也注定不会得到好的教育结果。

### 下一个阶段叫“用力”

这里的“力”指努力，这个阶段的家长和老师已经开始觉醒，努力优化教育方式。比如，家长陪孩子上各种各样的课外班，老师给孩子找很多练习题，认为只要家长努力报班，老师努力找题，孩子努力学习，就一定会有好的教育结果。但是，这种使蛮力的方式很多时候是徒劳的，甚至会起到反向作用。因为如果我们的教育理念、教育认知只是停留在低水准上，那么我们越努力，效果反而越差。这种单方面的用力，满足不了孩子真正的需求。

### 第三个阶段叫“用脑”

这里的用“脑”指的是开始思考教育、学习教育、反思教育。

要想让孩子热爱思考，首先教育者就要热爱思考。因为如果我们不会思考、不爱思考，那么我们就不知道如何启发孩子们逐渐养成思考的习惯。前文中提到的“三步法”“六步法”，以及一些具体题目的解题技巧和各个年级的学习任务特点，都是我在多年教学中不断思考得到的。我发现当我想明白这些问题后，我之前对教育一些不明白的地方也豁然开朗了。教育者热爱思考，再把好的经验传递给孩子们，他们才能够更好地思考。当教育者的思考水平提高了，反而不需要像以前那样用权、用力，也可以带领孩子达到同样的效果。

### 第四个阶段叫“用爱”

最重要的是爱，爱才是教育要达到的最高境界，也是教育的终极答案。

当你的孩子今天拿着 60 分的试卷回家，你是否还能对他面带微笑，然后给他一个温暖的拥抱，在他的小脑门上亲一口？我知道，让你做出上述行为很难，你会有无数个理由拒绝这个行为，可能会说：“考得那么差，我怎么笑得出来？”

但是你有没有想过，孩子考得差，跟你是否能给他微笑、拥抱、关爱，完全是两件事。考得差，我们就去想办法，共同学习，找到学科出问题的根本原因，去冷静地思考、解决问题。而给孩子关爱，永远是为人父母绝不会受到外界影响的行为。

我有一个发小，他有一个 5 岁的女儿。我的发小做着一份朝九晚九的工作，非常忙碌且劳累。但是，他经常会和我分享他陪孩子的快乐。他无数次向我抱怨工作的辛苦，但是从来没有抱怨过带孩子的辛苦。我见过很多家长对我说，每天工作太累了，回家又要教孩子，孩子有时候还不听话，真累。上班累，生活累，带孩子更累。家长的抱怨和发小给我的感受形成了强烈对比。于是，我有一次很认真地问了他一个问题：“你每天工作那么辛苦，回到家看到女儿，就不觉得累，不觉得烦吗？”

他回答我：“当我下班回家见到我女儿的那一刻，我所有的疲惫都不见了。”

那一刻，我的心都被这位父亲的话语融化了。

爱，不关乎孩子的成绩、相貌、身高、体重，爱只关乎爱。

# 教育即生长，教育即生活，教育即经验的改造

在上一节中，我分享了自己对教育的理解。本节我想跟大家分享一句名言，来自美国著名哲学家、教育家、心理学家，机能心理学和现代教育学的创始人之一约翰·杜威先生。

> 教育即生长，教育即生活，教育即经验的改造。
>
> ——约翰·杜威（John Dewey）

这三句话是我见过的众多教育格言中，最凝练的三句话，越思考，越能引起内心深处的共鸣。以下，我对杜威先生的观点进行一些个人解读，希望在教育孩子这条长路上，与各位家长共勉。

## 教育即生长

教育中一个很重要的要素就是陪伴，家长会陪伴孩子走过婴幼儿时期、儿童时期、青春期。在整个过程中，孩子无论是身体还是精神都会不断生长。这是生命体具备的普遍特征，包括人类在内的几乎所有生命体在生长过程中都具有两种特性：依赖性和可塑性。

### 依赖性

在自然界，当一个生命体还处于生长时期，就意味着它还没达到成熟健全的状态，它必然对外界有依赖性。在我们人类身上，大人和孩子相比较，孩子必然会依赖大人，大人必然比孩子更有独立性。孩子呱呱坠地时，除了哭没有任何技能，他所有的生活技能和知识的积累都是“从不会到会”的生长过程，因此他对外界也是高度依赖的，生活中依赖父母，学业上依赖老师。

如果明白了这个道理，下一次孩子出现一些小错误和小磕绊的时候，当他吃饭弄脏衣服的时候，当他跑步摔倒的时候，当他起床磨蹭时候，你就不会急于埋怨和教训他了。认同依赖性，正视依赖性才是我们教育者应该采取的态度。

为什么我们面对孩子的能力不足，会生气、抱怨或者发脾气呢？原因很简单，因为我们没有找到解决这个问题的方法。比如，孩子没有考好，你为什么会生气？因为你觉得他应该考好，而你又不知道怎样做他才可以考好。

针对这类问题，我教大家一个小窍门——当你想发脾气时，就在心中告诉自己：“我生气是因为没有好方法教育孩子。我得去找好的方法，等我有了好的方法，我才不会在这儿生气呢。”

### 可塑性

从表面来看，可塑性是指孩子可以被塑造，但它更深层次的含义其实指孩子的可改变、可进步。

有的家长很焦虑，觉得“孩子三年级成绩不好，这辈子就完了”“我们夫妻俩数学从小就不好，现在孩子上一年级，数学成绩也很差，是不是遗传了我俩的缺点”，其实完全没必要。因为孩子在生长中具有可塑性，这决定了我们应该用发展的眼光看孩子。他们当下也许还不够优秀，但未来改变的潜力是巨大的。

经典名著《西游记》中的美猴王孙悟空，他刚从石头里蹦出来时，是玉帝、菩萨等各路神仙嘴里的“妖猴”，后来一步步从“妖猴”成为斗战胜佛。这是因为他一路都在成长，佛祖没有把孙悟空一直压在五行山下，而是给了他再次成长的机会。

孩子也一样，我们绝不能以固定的眼光去看孩子，把孩子压在“五行山”下，而要用一种成长的教育观看待他。孩子改变的潜力是巨大的，正因为孩子具有极强的可塑性，我们的教育才有意义。

## 教育即生活

教育不是对未来生活的预备，而是儿童此时此刻生活的过程。

我们常常听到家长这样教育孩子：“我现在逼着你学习，就是希望你好好努力。现在努力了，以后才不会经历生活的毒打。”“你想现在不吃学习的苦，将来就得吃生活的苦。”

这种言论表面听起来特别有道理，但是它忽略了“教育即生活”这个特质。如果以牺牲孩子今天的快乐为代价来追求美好的明天，那么明天大概率也不会得到预期的结果。因为想拥有美好的明天，最重要的是先过好今天。

教育是孩子此时此刻、此情此景的感受，是当时、当下他生活的体验。如果打着为孩子好的旗号，扼杀孩子今天的快乐，那么美好的明天只能是梦幻泡影、空中楼阁。

我们把孩子比喻成一棵树，假设一棵树还在树苗的阶段，就被各种狂风暴雨摧残，狂风暴雨一边摧残它，还一边对它说：“因为你以后要经历这样的狂风暴雨，所以你现在就得经历，让自己习惯这样的摧残。”这样摧残几次，树苗可能就死了，被它不能承受的力量击垮了。我们要让孩子有对未来的追求，但不能以牺牲孩子当下的感受为代价，不能消耗孩子内心的能量。

## 教育即经验的改造

我们生活在一个变化的世界，稳定只是短暂的，运动和变化才是持久的，所以我们需要不断对自己的经验进行改造和升级，才能跟上时代的发展速度。

“长江后浪推前浪，前浪被拍在沙滩上”，我理解的前浪不是上一辈的人，而是旧的经验，后浪不是新一代的年轻人，而是新的经验。一个人不管年纪多大，只要不断更新自己的经验、升级自己的认知，就不会变成前浪。我见过生活中很多年长的前辈，还在持续不断地学习，不断刷新认知，他们的思想比那些不愿意思考的年轻人更开放、更新潮。

经验的改造，来自主观认知和客观世界的不断碰撞。

人在做某一件事之前，对这件事有着自己曾经的认知，即“我觉得”“我以为”。在与客观事实发生碰撞后，先前的认知很可能会发生改变。这就是学习的过程。

用“六步法”来理解，就是我们在做一件事的时候：首先是看一看、想一想，唤醒自己的主观认知；然后是试一试，也就是拿主观认知和客观世界进行碰撞，试完之后得出结论，验证自己的想法是否正确；最后进行总结（说一说和记一记）；此后，我们又会把这次得到的结论用到其他事情上去（准不准）。这个过程就是经验的改造。

生活中绝大部分能力的获取，都能用一句俗语概括：“一回生，二回熟。”回想你获取能力的经历，就会发现，这六个字就是经验改造的过程，也就是学习进步的过程。

经验的改造反映的是思考的本质、学习的本质，当我们明白这一点后，再次回到一个重要问题：什么样的孩子具备无师自通的能力？

我认为，那些不需要外界督促、引导和帮助，习惯于用主观认知和客观世界不断碰撞的人，就具备了无师自通的能力。

作为老师、家长，我们只有尊重孩子作为生命体的生长规律，尊重教育过程的生活规律，才能让孩子达到经验改造的状态，具备无师自通的能力。

# 错过黄金教育期，我们要如何挽回

有些家长在接触了比较先进和科学的教育理念之后，发现自己已经错过了孩子的黄金教育期，充满遗憾和懊恼。

那么，我们还能挽回吗？还可以引导孩子重新步入正轨吗？

当然可以。只要你开始改变，就还有希望。

如果孩子学业已经出现了荒废的迹象，或者你和孩子的亲子关系非常紧张，矛盾重重，甚至二者兼备，那么以下是我结合多年的教育教学经验总结出来的几点方法，希望可以帮助你和孩子缓和关系，并让孩子尽可能恢复对学习的兴趣。

## 用信任传递爱

为什么有些孩子遇到问题，既不愿意与老师沟通，又不愿意和父母沟通？

孩子之所以把自己封闭起来，不愿意跟父母和老师沟通，甚至处处反对父母和老师的直接原因在于，孩子不信任父母和老师。

孩子不信任父母，觉得父母的爱是有条件的。他觉得父母没有为他考虑，看重的永远都是他的分数或者能力。只要学习成绩差了一点，他做什么都是错的。父母关心的从来都是外在表现，而不是他的内心感受。

即便后来家长注意到这个问题，开始鼓励他、夸赞他，但是为时已晚，因为这个时候父母和孩子之间的信任已经被破坏。在孩子眼里，连父母的赞美都成了别有用心。

信任在任何关系中都是非常重要的存在，就像现在，我对你讲了这么多教育理念和方法，但是如果你从心底不就信任我，那么我相信你读这些文字都觉得是在浪费时间。教育孩子也是一样的道理，没有信任的时候，不管你做出怎样的行为，在孩子看来都是没有意义的。

那么问题来了，信任如何建立呢？

## 用沟通重建信任

找回信任最有效的方式就是沟通。

我先举一个工作当中的例子。

当两家公司第一次合作时，双方都会很认真地把合同条款逐字逐句地分析透彻，以规避未来潜在的风险。但如果双方第一次合作很顺利并成功建立了信任，那么第二次合作时，即便两家公司重新签订新的合约，双方也不会像第一次合作那样警惕、怀疑，而会把注意力更多地放在如何使这次合作更好、更高效上。

产生这种差别的根本原因在于第一次合作前双方没有彼此信任，而第二次合作是在信任的基础之上进行的。这个道理同样适用于孩子的教育。

一个家庭教育失败的警钟，就是从孩子不愿意跟父母说真心话的那一刻敲响的。孩子模仿父母的笔迹在成绩单上签字，孩子考完试不愿意告诉父母分数，甚至更极端的，孩子可能花钱找人冒充父母去开家长会。这些都是孩子不信任父母的表现。

所以要想找回信任，父母必须放下架子和孩子好好聊聊天，重新打开和孩子的信任通道。

我刚上北大的时候，学习和生活都遇到了巨大的压力和困难，处于人生的低谷。我会把自己遇到的各种问题都向母亲倾诉，和她沟通的次数越多，我就越信任她；我越信任她，就越愿意和她沟通。因为我知道，无论我学习出现了什么问题，生活遇到了什么困难，我的母亲都会给予我无微不至的关怀和照顾，绝不会像一些家长所做的那样，当孩子没有达到家长的预期时就一味地批评、指责孩子，甚至落井下石。

看到这里，相信大家已经明白了用沟通可以重建信任。但是这时候，我们又要面对一个更深层次的问题：如果孩子不愿意和家长沟通，该如何重启沟通呢?

## 用兴趣重启沟通

这里，我先给大家讲一个故事。

在读高中的时候，我们学校有一位学姐，她是当年内蒙古自治区的文科高考状元。网上有一篇媒体对她的采访，让我印象深刻。记者问她平时家庭氛围如何，她回答说：“我们家的家庭教育氛围一直比较宽松，父母从我小的时候就很少和我聊学习上的事。即便到了高考复习最紧张的阶段，母亲跟我聊的也都是娱乐八卦……”这个故事给我的印象很深刻，因为我深有同感。

我小时候喜欢足球，在我的人生中，看过最精彩的一场足球赛，就是1998年世界杯总决赛——巴西对战法国。

那时，我还在上小学，比赛是半夜两点开始，第二天还要上学。但是比赛开始前，父亲把我从睡梦中推醒，我们一起看完了那场球赛。这就是我记忆中印象最深刻的一场球赛。很多家长遇到上面的事情，可能会因为第二天要上学而阻止孩子熬夜看比赛，但是我父亲并没有这样做。他很尊重并支持我的兴趣爱好。类似这样的故事还有很多，正因为父亲支持并尊重我的爱好，所以我在生活中很多事情都会愿意和他分享。我们经常一起聊汽车、聊品酒、聊世界各地的文化、聊家乡的变化，我们的沟通一直都频繁且顺畅。

反观我曾经接触过的一些家长，跟孩子的话题似乎只有上学、听课、做作业。孩子刚想跟父母聊一点学习之外的事，父母就会不耐烦地强行将话题拉回到学习上来，想方设法地阻止孩子把注意力放在学习以外的事上。

但是，回到我们前文所说的树苗模型中，学科知识本不该是父母和孩子交流的重点。

当孩子学习遇到问题，科目有了短板，他的老师会找他谈话，同学们会和他探讨，孩子在学校已经把学习上该探讨的、该思考的任务满负荷完成了。回到家，父母还要继续给孩子加压，可想而知，孩子的学习压力该有多大。当孩子从学校回到家以后，他需要换个环境，需要换一种沟通内容。

如果你发现孩子学习成绩不理想，亲子关系有破裂的趋势，那么你一定先要让自己停下来，停止用原有的方式和孩子沟通，先多聊聊他喜欢的事情。

假如你的孩子喜欢玩游戏，你甚至可以陪他打一场游戏。当你陪孩子打完一场游戏后，你会发现，家庭氛围会完全改变。很多家长担心孩子会因此更加沉迷于游戏，但现实却是，孩子沉迷于游戏以及其他电子产品，往往是因为家长给予的温情或关怀太少了。当孩子在现实中无法得到他渴望的陪伴时，就会向虚拟的世界靠近，试图从虚拟世界中得到陪伴和关爱，寻找精神寄托。

严厉杜绝游戏，反而不如你陪伴孩子一起玩游戏，将原本孩子沉迷的游戏变成可控制范围内的娱乐。这样的一场游戏，就像我童年时父亲带我看的那场球赛一样，可以帮助你在你和孩子之间搭建沟通的渠道与桥梁。当你们之间先有了沟通，再有了信任，你和他再去聊一些学习上的事，他就没有那么强的抵触情绪了。

如果现在的你已经错过了孩子教育的黄金时机，那么就不要再和孩子纠缠学习的问题了。当信任和沟通出现问题时，你还硬生生地去和他聊学习，就好像生病的人，只给他吃止疼片，能缓解一时疼痛，但解决不了真正的问题。

把目光转移到孩子感兴趣的事上来，成为孩子喜欢的人。

孩子只有喜欢你，才会愿意和你沟通，你们才会建立信任，你才能成为孩子前进过程中能量的提供者。

# 父母的使命，是和孩子共同成长

终于到了这本书的最后一节，同时也是关于教育理念的收尾部分，我将分享我自己当下对于生活和教育的思考。由于这节内容很多都是我个人内心深处的观点，也许会有些偏颇和不当之处，希望各位读者以更包容、更开放的心态看待。大家可以不认同、不接受我的观点，但我希望这些观点可以让你听到世界的另一种声音，从而激发你对于生命、生活意义以及人生价值的思考。

## 偏激观点的自我修正

虽然我做了多年的老师，每天都接触孩子，但我曾经是一个坚定的“丁克一族”。

“丁克”一词来源于英文缩写“DINK”，全称“Double income，no

kids”，意为“双份的收入，但没有孩子”，后来人们不再关注这个词的前半段，而将后面的“没有孩子”作为丁克的主要含义。

那段时间，我比较偏激，纠结于一套“生命悖论”。我认为一个人来到世间，并没有提前征得过他自己的同意，所以他的生命旅程是父母强加给他的。当然，这是个悖论，因为我们根本没有机会在一个生命来到这个世界之前去询问他是否愿意。

生孩子这件事，对当时的我而言，就是没征得孩子的同意而去做了一件影响他一生的事情。我始终认为生命诞生的过程，就是一场矛盾的纠纷，但这样的思路忽略了一个根本问题：如果按照这个偏激的观念推演下去，那这个世界就不该有生命的繁衍生息。然而事实却是，生命是我们这个星球最美好的事物。

所以，我曾经的想法显然是有漏洞的。后来我想明白了，虽然我们无法在征得一个新生命同意之后，再赋予他生命，但我们可以在把生命带到这个世界之后，再和他一起成长。

父母和孩子一起成长的过程就是家庭教育的本质，父母和孩子共同的目标就是一起用“爱”创造幸福。幸福是这一场纠纷中合理且双赢的答案。父母通过和孩子一起成长，让孩子感受到生命的旅程是无比幸福的。在这个过程中，孩子感受到幸福，父母也会收获幸福。爱会把双方的矛盾纠纷化为一段双方共赢的旅程。

既然爱是我们找寻幸福唯一的方法和答案，那么，什么又是“爱”呢?

## 什么是爱

人类虽然创造了非常丰富和璀璨的文明，但是直到现在，依然还有很多人没有学会如何给予爱。

我经常会问家长“什么是爱”，得到的答案有很多，比如爱是无私、奉献、关心、惦念等，但我认为这些都是片面的理解。我认为爱的本质是一种能量，“能量”不是一个贬义词，但也不是一个褒义词，而是一个中性词。就像水力既可以发电，也可能造成洪灾；电力既能照亮世界，也会引发山火。爱不仅具有真、善、美的一面，也存在破坏性的一面。

爱既可以让孩子快乐、幸福地成长，有时候也会成为一种负担，甚至会造成伤害。

家长爱孩子不需要理由，但需要方法。如何用合适的方法表达爱，是我一直在思考的问题，最后我得到一个结论——“爱”需要“控制”。

毫无顾忌地爱和拒绝表达爱一样可怕，每个人心中都有爱的能量，这个能量可能造福他人，也可能伤害他人。我们要做的不是找到爱，而是怎样表达爱。人生中一个伟大的课题在于，如何控制爱的能量。

如果这股能量控制好了，那它既是孩子的福气，也会成为家庭幸福的源头。如果控制不好，这股能量就会化为孩子心中的戾气，也会成为父母心中的戾气。

判断一个人是否是好的家长、教育者，标准在于他是否会对“爱”进行自我控制。

成功的教育者是在控制自我爱的表达，哪怕这个人目前在教育上有些不合理的做法，他也能逐渐成长起来。而失败的教育者是在控制孩子，就算孩子目前的情况很好，但未来教育者和孩子的关系也一定会走下坡路。

为什么有的时候，老师要家长去学校，家长会有压迫感？当一个老师不是控制自己爱的表达，而是想借助老师的身份来控制家长的行为时，家长就会有这种感觉。比如，“你要给孩子报辅导班”“你要给孩子检查作业”“你要盯好孩子的一言一行”，等等。家长就会从中感觉到被控制、被压迫，甚至觉得痛苦。即便家长迫于压力去做老师交代的这些事，恐怕也是不情不愿，颇有微词。

当你想控制孩子的行为时，孩子的内心感受就和你被老师控制时的内心感受一样。所以，无论是作为家长还是老师，我们都应该把注意力放在帮孩子解决问题上，而不是去思考如何控制与压迫出现问题的人。

爱是心中的能量，人类一生都在探寻的是如何控制爱的能量。

我们家长要做的，就是洞察自己的爱，看到孩子的需求，适当地表达爱、传递爱。

本节内容都是鄙人的拙见，爱是一个永恒的话题，更是一个开放性的话题，不求家长、老师们认同或者遵从我的观点，只为激发您的思考，启迪您自己探寻对于生命、教育的底层认知。我真诚地希望每一位教育者，都可以将自己对孩子的良苦用心转化为教育道路上的思考与行动。

# 7

# 名师答疑：
# 找到孩子“问题”背后的根源

问题 1：孩子做不出来题目，乱发脾气怎么办？

傲德解答：

这个问题要分为两个维度来思考：人的感受，事的处理。

从人的感受来看，孩子做题发脾气并不是一件坏事。孩子会发脾气意味着他想把题目做出来，但是又没有方法，所以才有了情绪。这恰恰证明他的学科情感还存在，主观上有学习的意愿和动力。我们应该接纳孩子的情绪，为他想去完成困难的题目感到高兴、欣慰。

从事的处理来讲，“孩子想做做不出来引起的乱发脾气”是一种典型的能力不足的表现。

所以，家长第一步要做的就是安慰孩子，理解孩子的负面情绪。第二步就是想办法解决问题——如何解决“想做做不出来”的问题。这一步需要专业的老师来给予指导，比如提供数学的解题技巧、语文的答题方法等。

总结起来就是，家长主要照顾情绪，老师主要提升能力。这样，才能从根本上解决问题。

问题 2：孩子学习总是粗心怎么办？

傲德解答：

关于粗心的话题，我在本书第四章第五节有专门的探讨。概括起来就是—— 一个人的真正水平，就是他粗心后的水平。

粗心是伴随我们一生、无法彻底避免的一种现象。人永远不能摆脱粗心，我们要学会接纳粗心，接受粗心对人成绩、工作、生活带来的种种影响。

一个人之所以粗心，核心缺陷在于——自我纠错能力的不足。也就是说，他发现不了自己的错误。

要想减少粗心的发生，核心还是要提升基础思维水平。当一个孩子的基础思维水平提升了，他的做题思路就会更加丰富，思考也会更加迅速，也就具备了更强的自我纠错能力。

问题 3：孩子遇到稍微有难度的问题，就不愿意思考，课外的习题也不愿意多做，该怎么办？

傲德解答：

这个问题可以拆成两部分。

第一个问题——孩子遇到有难度的题不愿意思考，也就是我们通常说的“畏难”。

我们首先要意识到，孩子不愿意思考是一个能力问题，而不是品质问题。家长朋友们在处理这类情况时，千万不要把能力问题转化为品质问题，加以批评。

那么，怎样才能提升能力呢？

我在本书第二章中提到过，不同的年龄需要不同的引导方法，比如“三步法”“六步法”等，去引导孩子思考。

孩子不愿意思考，主要依靠教学老师的学科专业度来解决。我们要相信孩子面对一道难题的时候，他一定比世上任何一个人都想把眼前的难题做出来，他只是不会做。这个时候，需要的是老师教会孩子解决问题的技巧，而不是身边成年人的施压。

第二个问题——课外习题不愿意做。

正如关爱感一节中所说的，我们的行为和角色在孩子心目中是有强关联性的。

比如孩子饿了，他第一时间会去找家长。同样地，孩子学习、做作业遇到困难，他更愿意去听从老师的安排。家长去做老师的事，给孩子留习题，就是一种越界行为，孩子内心是不认同这种行为的。回想我自己的学生时代，面对父母额外布置的作业，也是拒绝的态度。

**问题 4：我不知道应该怎样培养孩子的数学思维，数学到底应该怎么学？**

**傲德解答：**

对这个问题有困惑的家长，希望能够认真阅读本书前两章的内容，里面着重讲解了孩子数学思维的建立和培养。

家长不知道怎么培养孩子的数学思维，潜台词就是家长本人并没有在这件事上取得成功。如果你的数学思维模式非常优秀，那么我相信你肯定不会像现在这样迷茫。

我给家长的建议是，不要光想着去培养孩子的数学思维，家长也要在生活和工作中不断学习，去提升自己的思维。当你开始提升自己后，不仅仅可以教育孩子、提升他的数学思维，也会改变自己的生活现状。曾经在你看来很复杂、很难懂的问题，如果换一种思考方式，也许会柳暗花明。在这个过程中，你可能就是最大的受益者，其次才是孩子。

家庭教育中有一句俗话——激娃不如激自己。要想提升孩子，首先应该提升自己。

问题 5：孩子做作业遇到有难度的题目，不愿意自己思考，也不愿意问家长该怎么办？

傲德解答：

这个问题可以拆分成两个维度：孩子不愿意自己思考，孩子不愿意问家长。

关于前者，我在第三个问题已经回答过了，本书也有大量的相关内容，大家可以翻阅。

后者的本质在于，孩子不愿意和家长沟通。为什么会出现这样的情况呢？

因为双方的信任已经遭到了破坏。大家可以回忆一下，孩子刚上学的时候，遇到不会做的题目时，是不是会第一时间来问你？你可能在态度上并不友好，也可能没有给孩子讲明白。

这两种情况是家长向孩子讲题时非常典型的教育误区。

久而久之，孩子就会发现：我每次向父母请教问题时，要么情感上被伤害，要么没学明白，思维混乱。因此，孩子逐渐对父母丧失信任，在学习上慢慢与父母疏远。

这个问题的本质不在于孩子遇到难题不愿意问家长，而在于如何修复家长和孩子之间的沟通。这一点，我在本书第六章第三节有详细描述。

问题 6：孩子一二年级还好，三年级开始抱怨作业多怎么办？

傲德解答：

我认为这个问题需要从两方面思考：

孩子到底是单纯地抱怨作业多，还是做作业遇到了困难？

如果是单纯地抱怨作业多，我们应该理解和接纳。客观来说，年级越高，作业越多。当孩子的负担过大的时候，出现抱怨是极其正常的事。就像我前文所说，我们应该理解和接纳孩子的负面情绪，有负面情绪是极其正常的。

但如果孩子确实遇到了困难，抱怨源自他对现实的恐惧和逃避，那我们该怎么办呢？我们不应该聚焦于抱怨这个行为本身，而应该帮助孩子找一找，他到底遇到了什么困难，和孩子讨论应该怎样去克服。

概括来说，孩子单纯的抱怨我们要理解和接纳，但如果孩子是因为对现实的畏惧而抱怨，我认为问题的核心不在于抱怨本身，而在于我们该如何帮助孩子解决困难。

**问题 7：孩子在学校表现很好，但是在家做事总是磨蹭，需要跟在后面不停地催，怎么办？**

**傲德解答：**

回答这个问题之前，我想先反问家长一句：你在单位的工作状态和回家的生活状态一样吗？

家本身就是放松的地方，如果你指望孩子在家里和在学校里一样紧张的话，那么他该去哪里放松呢？这是一个典型的“只看孩子的能力，而不去想孩子的情感”的案例。前面提到，磨蹭的本质是孩子在表达自由支配时间的诉求。如果孩子在家里都没办法按自己的意愿支配自己的时间，那么他在什么时候、什么地方才能拥有自由呢？

家长也在问题中描述：他会在孩子后面不停地催。所以，这个问题的本质就是家长想剥夺孩子的一部分自由。

为什么要催他呢？是因为你希望孩子把你认为重要的事情干完，让你不操心。在孩子没办法替你省事的时候，你就想支配他，用催促这种方式表达自己的支配。

所以，这个问题的根本不在于孩子，而是家长对孩子抱有的企图。孩子在家里应该有自己支配时间的自由和权利，而家长要做的就是尽可能地尊重他。

问题 8：孩子做计算懒得打草稿，口算易出错，怎么办？

傲德解答：

首先，孩子不爱打草稿，愿意口算，是一件好事。如果孩子一直都依靠打草稿来做计算，那么他到了初中、高中一定会很疲惫，或者说他根本没有足够的能力去面对未来计算量大的考试。

这个问题暴露出来一个错误的认知——做计算就应该打草稿。很多时候，成年人都会犯一种固执己见的错误：我们不会先去思考自己的认识是否正确，而会贸然地将自己认为正确的事强加于他人。

在这里，我想强调的是，客观来讲，口算是一项非常核心的计算能力，它是数学优秀的必要条件。

然后回到上文问题，如果孩子口算经常出错怎么办？

正确的思路是，弄清楚孩子究竟是哪一步做错了，我们要怎么帮助他提高口算正确率。所以孩子口算总出错，我们不应该告诉孩子："你不要口算了，所有题目都打草稿！"我们应该思考，如何提高孩子的口算能力。

问题 9：孩子上一年级了，计算的时候还是习惯掰手指头，该怎么办？

傲德解答：

首先，一年级的孩子计算掰手指头是非常正常的现象。

掰手指头的本质就是计数，而计数是计算的起点。如果孩子上一年级了还依靠掰手指头来计数，这恰恰说明他之前数数练习做得不够多。计数训练是不可以跳过的，孩子现在的掰手指头练习正是为了弥补之前计数训练的缺失。

其次，要想从根本上解决孩子掰手指头的问题，还是要进行大量的计数训练。

所以，我在教幼儿园孩子数感启蒙的时候，会让孩子进行多种多样的计数训练。关于这一点，我给幼儿园孩子的课程中有详细的描述，这里因为篇幅原因，没有办法详细讲解。其核心理念就是，低幼阶段儿童的计数训练绝对不能缺失，否则会严重影响小学计算的学习。

问题 10：如果孩子可以接受，可不可以“超前学”？

傲德解答：

首先，我们要对“超前学”下一个科学的定义。

并不是说一个上小学三年级的孩子去学五年级的课程就叫“超前学”。超前学不应该以外界要求为衡量标准，而应该以孩子的自我接受能力为衡量标准。只要是学他能够学懂的东西，都不是超前学。

人和人是有差异的，一套标准化的考核标准，很难匹配到所有个体身上。所以，只要孩子能够学懂，他学什么都不叫超前学。

反之，如果孩子学习高年级内容感到非常迷惑，家长还要强迫孩子去学，那就是揠苗助长。

问题 11：孩子上六年级之前学习很好，上了六年级之后学习成绩就开始不稳定，这种情况下该怎么办？

傲德解答：

孩子上六年级之前成绩好，证明他把小学一至五年级的知识学懂了、学扎实了、学透彻了。上了六年级之后成绩变得不稳定，说明他对六年级的某些章节没有学扎实、学透彻。这样来看，问题一下子变简单了：这一章考好了就说明孩子这一部分内容学透彻了，那一章没考好就去找到孩子错误的题目、缺失的知识点，进行查漏补缺。

在这种情况下，最害怕家长给孩子“扣帽子”，认为孩子成绩不稳定是因为孩子学习态度不端正、学习思维不健全等。

其实，所有成绩不稳定的根本原因，就是没有学透彻——学透了，成绩就好，没学透，成绩就差。我们要精准地找到他出现问题的章节，把注意力放在解决问题上，不要做额外的“诊断”。

### 问题 12：三年级孩子考试时经常漏题，如何解决？

傲德解答：

首先我们需要确认，孩子到底为什么会有这样的表现？

是他马虎大意没看到，还是他其实不会做，只想找个借口搪塞过去？

如果他总是没看到题，那么解决方法很简单，让孩子每做一道题都在题号上打个钩。检查的时候，只需要看看每道题目的题号上是不是有钩即可。这种情况属于典型的粗心大意，只要教会孩子自我纠错的方法就可以了。

如果是另外一种情况——孩子只是把漏题作为自己不会做题的理由和借口的话，那我们反而不应该去批评孩子，而要去帮助他找到解题方法，把不会做的题目变成会做的题目，这才能从根本上解决问题。

### 问题 13：孩子上课时，总是思想不集中、爱说话怎么办？

傲德解答：

一个人的儿童时期往往是他一生中精力最旺盛的阶段，是他人生活跃度的顶峰，所以孩子上课爱说话、爱走神是很正常的。如果你的孩子在这个年纪都不能有活跃的表现，那么他在今后的生活中大概率会是个死气沉沉的人。

所以，我们不要认为孩子上课注意力不集中、爱说话一定是缺点，这其实是人的一种天性。但是，这种天性往往会和学校或者老师的具体要求相矛盾。这种时候，我们该怎么办呢?

我的建议是，我们应该把注意力放在问题的本质上——孩子在学校所学的内容有没有掌握。

如果他掌握了，那我认为在遵守纪律方面，可以给予适当宽松一点。当然，这个过程需要家长和学校老师多沟通。因为家长很可能随时被老师点名，或者被老师请到学校。这时候，请家长一定要替孩子承担一部分压力。

如果孩子因为说话、走神，导致他上课没听懂，那我们也不要把注意力放在他说话、走神上。因为这种时候问题出在了孩子的思维能力方面，在课堂上思维没有跟上，才导致孩子上课听不懂，继而说话、走神、搞小动作。这种时候，正需要我们去帮助孩子答疑解惑。

所以，我们要找到问题的根本，教育的目标不是让孩子学会服从，学会遵守纪律，而应该是让孩子学会思考。只要能帮他学会思考，那么其他的事情都有可以调整的空间。

**问题 14：孩子做题不仔细审题，总是直接就做，做了就错，该怎么办?**

**傲德解答：**

这是一个把孩子的“能力问题归为态度问题”的典型问题。

孩子审题不仔细是一种能力缺失，他在读题过程中，不知道如何把握关键信息，也不知道如何把这些关键信息转化为具体的算式或者计算步骤，这是一个典型的能力问题。

仔细看这位家长的描述，“直接就做，做了就错”，言外之意就是孩子对待学习不认真、不严谨。就算他对待题目的态度变得认真、严谨了，他审题的能力就会提升吗？他遇到题目就知道如何把关键条件转化为算式吗？你会发现，他依然做不到。因为所谓的“态度认真”，并没有提升孩子的解题能力。

这种情况需要我们具体案例具体分析。哪一道题做错了，哪一道题读完之后不知道怎么利用条件，那我们就去帮助他把这一道题、这一类题目讲明白讲透彻即可。

千万不要在孩子能力不足时，去责备他的态度，这样的教育是破坏性最强的。

### 问题 15：一给孩子讲题，他就不愿意听，总想直接看答案怎么办？

傲德解答：

这个问题的本质就是孩子只想要快速得到思考的结果，而逃避思考的过程。造成这种表现的原因就是——趋利避害。

孩子为什么逃避思考的过程呢？一定是因为他在之前的思考过程中没有得到快乐的体验。比如，别人在给他讲题的时候总是夹杂着冷嘲热讽，或者批评指责，这样的体验对他来说，是非常痛苦的。

那他为什么总想看答案，追求结果呢？因为他知道，如果这道题他没有得到结果，就会遭到新一轮的批评和指责。他逃避的就是思考过程中遭受的批评和指责，同理，他追求的就是能够帮他逃避额外批评和指责的正确答案。

你会发现，不管是逃避思考还是追求结果，本质上都是在逃避成年人在教育中对他的伤害，因为这种伤害的影响已经远远超过了他对学习结果的关注。

对于这样的家长，我的建议是：赶快停止你对孩子在学习上的任何冷嘲热讽、批评指责，用健康、阳光、积极的方式引导他思考和成长。

问题 16：孩子应该怎么管？到底该管得严还是管得松？

傲德解答：

“管教”是一件很难拿捏尺度的事：管得严了，害怕破坏孩子的成长和性格；管得松了，又不放心，怕孩子以后不成器。

在这里，我只想提出两个公式，这是我们对孩子进行管教时，核心的判断标准：

管教 + 关系 = 成长

管教 − 关系 = 叛逆

如果你的管教能促进和孩子之间的关系，其实你管得是严还是松都无所谓，因为在管教过程中，你和孩子的关系得到了不断强化。

但如果你在管教的过程破坏了你和孩子之间关系，那么不管是管得严还是管得松，你都要停下来。这时候，你需要改变是和孩子的沟通方式。否则，你管得越多，你们的关系就被破坏得越严重，你的教育就越失败。

问题 17：由于平时对孩子疏于关照，已经破坏了他的“三感”，现在补救还来得及吗？

傲德解答：

一切都不晚。讲一个发生在我同学身上的故事。

同学的父亲易怒，脾气有些急躁。但是在同学的爷爷去世后，他父亲对他奶奶的态度发生了一百八十度大转弯，变得非常温和，再也没有发过脾气。

很多人听到这个故事，会去责备这位父亲——子欲养而亲不待，早知这样为什么不早点改变呢？但其实我看到了这个故事的另一面，站在同学奶奶的角度来看，一位年近 90 的老人在自己人生的暮年，每天都沐浴在儿子温暖的照顾中，这难道不是她人生中最幸福的事吗？在这个故事中，虽然我们会为逝者感到遗憾，但我们更应该为生者感到庆幸。

用这个故事来回答这个问题，我想表达的是：人的一生中，幸福的时间不一定要很长，但幸福一定要很纯粹，哪怕这个纯粹的幸福只存在过一天、一个小时，它都会像闪耀的流星一样，照亮我们生活中其他黑暗的时刻。

所以，当下改变永远是最早的行动。